信息安全技术丛书

基于信号处理的低速率拒绝服务攻击的检测技术

吴志军　岳　猛　著

科学出版社

北　京

内 容 简 介

针对低速率拒绝服务（LDoS）攻击具有平均流量低（占用较小的共享带宽）的特点，本书在时域采用数据包统计的方法分析 LDoS 攻击流量的特性，在频域采用频谱分布统计的方法研究 LDoS 攻击的特征，采用经典的数字信号处理技术对网络流量数据进行采样和处理，完成 LDoS 攻击的特性分析、特征检测和流量过滤等关键技术的研究。全书共 9 章，包括：（1）LDoS 攻击的时域流量建模；（2）LDoS 攻击性能的研究；（3）基于互相关的 LDDoS 攻击时间同步和流量汇聚方法；（4）LDoS 攻击的时频域特征及其检测方法；（5）基于卡尔曼滤波一步预测技术的 LDoS 攻击检测方法；（6）基于 Duffing 振子的 LDoS 攻击检测方法；（7）基于漏值多点数字平均的 LDoS 攻击检测方法；（8）基于信号互相关的 LDoS 攻击检测方法；（9）基于数字滤波器的 LDoS 攻击过滤方法。

全书内容由浅入深，涵盖了 LDoS 的知识，为读者更深入地掌握 LDoS 检测和防御技术提供了参考。本书可作为网络安全研究领域科研人员和网络设计工程人员的参考书。

图书在版编目 (CIP) 数据

基于信号处理的低速率拒绝服务攻击的检测技术 / 吴志军，岳猛著. —北京：科学出版社，2015.6
（信息安全技术丛书）
ISBN 978-7-03-044750-0

Ⅰ. ①基…　Ⅱ. ①吴…②岳…　Ⅲ. ①计算机网络－安全技术
Ⅳ. ①TP393.08

中国版本图书馆 CIP 数据核字(2015)第 124341 号

责任编辑：陈　静　王迎春 / 责任校对：郭瑞芝
责任印制：张　倩 / 封面设计：迷底书装

科 学 出 版 社 出版
北京东黄城根北街 16 号
邮政编码：100717
http://www.sciencep.com

三河市骏走印刷有限公司 印刷

科学出版社发行　各地新华书店经销
*

2015 年 6 月第 一 版　　开本：720×1 000　1/16
2015 年 6 月第一次印刷　印张：11 1/4
字数：224 000

定价：**58.00 元**
（如有印装质量问题，我社负责调换）

序

  长期以来，分布式拒绝服务（distributed denial of service，DDoS）攻击是大规模网络和网络数据中心（internet data center，IDC）的最大安全威胁之一。对于在线企业，特别是电信运营商数据中心网络来说，它的出现无疑是一场灾难。由 DDoS 攻击给电信运营商等造成的经济损失每年高达数百亿美元，而且造成的危害越来越大。但到目前为止，国内外尚未研究出一种有效的方法来抵御 DDoS 攻击，传统的防护方法有心无力。因此，如何有效地防御 DDoS 攻击，保护目标（主机或者服务器）不被攻击是信息安全领域研究的一个热点。

  目前，大数据和云计算的发展面临许多关键性问题，其中最关键的问题就是信息安全。随着大数据和云计算的不断普及，其面临的信息安全问题日趋严重，已成为制约其发展的重要因素。信息化的发展历程表明信息系统的建设和发展之后必须经历信息安全保障的过程，信息技术的重大变革将直接影响信息安全领域的发展进程。在大数据和云计算面临的安全挑战中，承载平台遭受攻击的问题非常突出。大数据和云计算平台由于其用户、信息资源高度集中，容易成为黑客攻击的目标，由 DDoS 攻击造成的后果和破坏性将明显超过传统的企业网应用环境。随着越来越多的公司使用虚拟化数据中心和云服务，企业基础设施中的新弱点也逐渐暴露出来。与此同时，DDoS 攻击正在从数据暴力泛滥方式转向更有针对性的方式——向信息系统或网络应用平台基础设施发起攻击。因此，研究有效的检测和防御低速率拒绝服务（low-rate DoS，LDoS）攻击的方法具有重要意义。

  吴志军教授长期从事 DDoS 攻击的检测和防御研究，在大规模网络安全防护方面进行了大量理论研究和应用实践，掌握了网络防护的系统理论和技术，积累了丰富的基础知识和实际经验。该书深入浅出地介绍了 DDoS 攻击的原理和特点，讲解了检测和防御 LDoS 攻击的基础知识，并结合具体方法说明在实际网络中检测和防御 DDoS 攻击的方法。该书内容是吴志军教授带领的课题组十几年的研究成果，部分思想已经在国内外著名期刊上发表，得到了国内外专家的认可和好评，对相关网络管理单位开展防御 DDoS 攻击的工作具有很好的借鉴意义。

  网络防御和攻击是一场持久的博弈。随着大数据时代的到来以及云计算的普及，网络攻防也进入一个新的时期，应不断丰富网络安全的理论和实践。因此，防御 DDoS 攻击是一项长期而艰巨的任务。希望该书能够使广大读者从中受益，并为读者努力探索、刻苦研究检测和防御 DDoS 攻击的新方法提供帮助。

杨义先
2015 年 1 月

前　　言

目前，网络安全已经成为国际上的焦点，针对国家政府机关、企事业单位和重要信息部门的攻击事件层出不穷。"棱镜门"事件的主角斯诺登爆料，美国经常入侵和攻击中国的主干网络，包括入侵清华大学主干网，网络安全形势日益严峻。另外，以营利为目的的网络攻击者形成了一条"黑色产业链"，有计划地攻击特定目标获取巨额经济利益，网络进入了软绑架勒索时代。国家计算机网络应急技术处理协调中心的一份研究报告显示，黑客攻击已经形成了一条隐蔽的产业链，目前我国网络安全黑色产业链产值已超过 2.38 亿元，造成的损失超过 76 亿元，已经成为不可忽视的地下经济力量。

根据美国计算机安全研究所（computer security institute，CSI）和美国联邦调查局（federal bureau of investigation，FBI）的调查结果，网络攻击采用的主要手段是分布式拒绝服务（DDoS）攻击。由于 DDoS 攻击的行为自然、单一，攻击渠道正常、合法，所以 DDoS 攻击十分难以防范和追踪。根据 CSI/FBI 每年的统计结果可知，1998 年开始出现 DDoS 攻击，2003 年达到顶峰，之后进入黑色产业链时代。全球许多著名的网站（如 Yahoo、CNN、Buy、eBay、亚马逊、微软、网易、百度、谷歌等）均为受害者。统计表明，历史上 DDoS 攻击一年造成的最高损失达到 65643300 美元。

随着 DDoS 攻击技术的不断更新，新型 DDoS 攻击方式层出不穷。近年来，出现了一种新型的拒绝服务攻击，称为低速率分布式拒绝服务（low-rate DDoS，LDDoS）/低速率拒绝服务（LDoS）攻击。LDoS 攻击的平均流量很小，只有正常流量的 10%～20%（形象地称为地鼠攻击），它利用传输控制协议（transmission control protocol，TCP）超时重传机制的漏洞，周期性地发送短脉冲（又被称为脉冲攻击），使得攻击流可以周期性地占用网络带宽，导致合法的 TCP 流总是认为网络的负担很重，造成所有受其影响的 TCP 流进入超时重传状态，最终使得受害主机的吞吐量大幅度降低（也被称为降质（reduction of quality，RoQ）攻击）。LDoS 攻击具有流量小、隐蔽性强的特点，传统 DDoS 攻击的检测机制对它无能为力，可使受害机器长时间遭受攻击而不被察觉。LDoS 攻击所表现出的破坏性对大规模网络具有极大的危害性。目前，入侵检测手段采用的方法为时序机制，即在设定的检测时间内对攻击包的个数进行统计，根据统计流量的大小判定是否存在攻击。由于 LDoS 攻击脉冲的持续时间很短，远小于现有检测方法设定的平均检测时间，而且 LDoS 攻击的平均流量很小，因此，现有检测手段对于 LDoS 攻击无能为力，原因是平均共享的带宽并不是非常大。在分布式情况下，成倍的傀儡机发起攻击可以通过降低最高速率或者延长攻击周期来进一步降低单个通信量的速率，导致检测更加困难。

1. 目标

本书针对 LDoS 攻击具有平均流量低（占用较小的共享带宽）的特点，在时域采用数据包统计的方法分析 LDoS 攻击流量的特性；在频域采用频谱分布统计的方法研究 LDoS 攻击的特征，采用经典的数字信号处理技术将网络流量数据当成信号采样和处理，进行 LDoS 攻击的特征提取、攻击检测和流量过滤等关键技术的研究。

LDoS 攻击具有隐蔽性强和破坏力大的特点，因此成为黑色产业链经营者获取经济利益的主要手段之一，社会影响极其恶劣。本书的研究成果有助于阻断黑色产业链经营者利用 LDoS 攻击作为营利手段，从而减少国家的经济损失并降低社会负面影响。

2. 内容安排

全书共 9 章，内容如下。

第 1 章从 LDoS 攻击的漏洞利用机制开始，研究了 LDoS 攻击的产生原理，建立了 LDoS 攻击的时域流量模型。

第 2 章研究 LDoS 攻击的性能，在搭建的真实网络实验环境中针对 Web 和 FTP 两种情况进行了网络吞吐量和刷新延迟的研究。

第 3 章研究基于互相关的 LDDoS 时间同步和流量汇聚的方法。采用互相关算法，根据 LDDoS 攻击脉冲之间的时序关系，确定最优的攻击方式。

第 4 章研究 LDoS 攻击的时频域特征及其检测方法，采用缓存队列占有率统计的方法来提取 LDoS 攻击的特征；采用时间窗统计的手段，对到达的数据分组进行统计分析，准确判断 LDoS 攻击脉冲的突变时刻，即判定某个时刻是否有流量突变出现。

第 5 章研究利用卡尔曼滤波一步预测技术，针对建立的 LDoS 攻击流量矩阵模型采用卡尔曼滤波算法进行预测和估算，基于上一状态预测现在的状态。

第 6 章研究基于混沌理论，采用 Duffing 振子利用混沌相位的变化从正常网络流量中检测 LDoS 攻击流量。

第 7 章研究利用小信号检测理论，采用漏值多点数字平均方法检测 LDoS 攻击，并估计其攻击周期和脉宽。

第 8 章研究基于信号互相关的 LDoS 攻击检测方法，采用基于循环卷积的互相关算法来计算攻击脉冲经过不同传输通道在特定的攻击目标端的精确时间，利用无周期单脉冲预测技术估计 LDoS 攻击的周期参数，提取 LDoS 攻击的脉冲持续时间的相关性特征。

第 9 章研究在频域设计数字滤波器，根据正常 TCP 和 LDoS 攻击在频域中的频谱分布，滤除 LDoS 攻击流量的频谱，实现 LDoS 攻击流量的过滤。

3．本书特色

本书主要有以下两个特点。

（1）将信号处理理论和技术应用到网络流量数据处理中。在时域进行 LDoS 攻击流量的统计分析，在频域进行 LDoS 攻击流量的处理。

（2）在频域进行 LDoS 攻击检测和过滤。采用滤波器预测技术、混沌理论和小信号处理理论检测 LDoS 攻击，以及采用滤波器技术在频域过滤 LDoS 攻击流量。

本书的主要创新点如下。

（1）提出基于相关的 LDoS 攻击时间同步和流量汇聚的方法。

（2）提出基于卡尔曼滤波的 LDoS 攻击检测方法。

（3）提出基于小信号理论采用基于漏值多点数字平均技术的 LDoS 攻击检测方法。

（4）提出基于混沌 Duffing 振子的 LDoS 攻击的检测方法。

（5）提出基于数字滤波器的 LDoS 攻击流量的过滤方法。

4．阅读建议

建议在阅读本书时先从拒绝服务（denial of service，DoS）攻击的概念和原理入手，逐步掌握 DDoS 攻击的特点；然后熟悉在时域和频域对网络流量分析的基术方法，揭示网络流量在攻击出现时的异常；最后通过网络流量分析，采用各种信号处理方法进行攻击检测，进而采取过滤措施抵御攻击。

本书是中国民航大学电子信息工程学院航空电信网及信息安全研究实验室的教师和研究生多年的研究和开发成果。本书内容是在师生共同发表的学术论文、撰写的技术报告和申请的发明专利的基础上整理而成的。其中，吴志军作为主编负责全书的内容安排和结构设计，并编写第 1 章、第 2 章、第 4 章、第 7 章、第 9 章内容；岳猛负责编写第 3 章、第 5 章、第 6 章和第 8 章内容。另外，参与本书研究工作的人员包括张东、刘颖、裴宝松、刘星辰、谢科、李光、张力园和闫长灿等，张力园和闫长灿在本书的整理、编辑和校正等方面做了大量艰苦的工作，在此对他们表示衷心的感谢。王彩云、沈丹丹、尹盼盼、沙永鹏等为本书的校对付出了时间和劳动，在此致谢。本书的研究得到了北京邮电大学信息安全中心的杨义先教授和武汉大学计算机学院的何炎祥教授的指正，在此表示衷心的感谢。

本书的撰写得到了国家自然科学基金面上项目（No.61170328，No.U1333116）、天津市应用基础与前沿技术研究计划（自然科学基金重点项目，No.12JCZDJC20900）、2013 年民航科技引导资金项目（No.MHRD20130217）、中央高校基本科研业务费（No.3122013P007，No.3122013D007，No.3122013D003），以及中国民航大学科研建设平台项目（2014—2016）的资助，在此表示衷心的感谢。

本书是一本针对低速率拒绝服务攻击的研究著作，对研究大规模网络抵御 DDoS 攻击的技术人员具有一定的借鉴意义和参考价值。本书可作为网络安全研究领域科研人员和网络设计工程人员的参考书。全书内容由浅入深，涵盖了大型网络安全管理和设计人员需要掌握的知识，也为读者更深入地掌握 DDoS 检测和防御技术，从事网络安全保护研究方面的工作提供了参考。

　　由于作者水平有限，书中难免存在不足之处，恳请广大读者批评指正。

作　者

2015 年 1 月

目　　录

第1章　低速率拒绝服务攻击原理与模型

长期以来，拒绝服务（denial of service，DoS）攻击是大型网络主要的安全威胁之一，造成了巨大的经济损失[1]。随着 DoS 攻击技术的演变，出现了一种新型的 DoS 攻击，称为低速率拒绝服务（low-rate denial of service，LDoS）攻击[2]。

2001 年，在 Internet2 Abilene 骨干网络上第一次检测到 LDoS 攻击方式[3]，它是一种周期性的脉冲（pulse）攻击。由于该攻击在时域（time domain）上平均速率很低，具有攻击流量占用带宽小的特点，所以 Kuzmanovic 和 Knightly[4]形象地将其称为"地鼠"拒绝服务（shrew DoS）攻击；而该攻击的信号形式为周期性脉冲，Iwanari 等[5]又将其称为"脉冲"攻击；LDoS 攻击的最终目的是降低被攻击目标的服务质量，Guirguis 等[6]将其称为"降质"（reduction of quality，RoQ）攻击。

LDoS 与传统的泛洪拒绝服务（flood denial of service，FDoS）攻击不同，LDoS 攻击以降低系统的服务质量为目的，攻击者不需要长期维持高速率的攻击流，而是利用网络协议或者应用服务自适应机制的漏洞，周期性地发送脉冲式的攻击流。由于攻击流只在特定的短时间内发送，而同一周期其他时间段内不发送任何流量，所以 LDoS 攻击的平均攻击速率比较低，甚至低于合法用户的平均流量[7]。LDoS 攻击可以被认为是对传统 DoS 攻击的改进形式，这种低速率的特性使其更加隐蔽，不容易被检测和防范[8]。

1.1　引　　言

随着互联网技术及应用的飞速发展与普及，我国网民数量急剧增长，《第 34 次中国互联网络发展状况统计报告》[9]显示，截至 2014 年 6 月，中国网民规模达 6.32 亿人，较 2013 年年底增加了 1442 万人，互联网普及率为 46.9%。然而随之而来的网络安全形势日益严峻，病毒、木马、黑客频繁行动，频频发生的网络恶意攻击导致财产损失的情况让众多互联网用户对网络信息安全缺乏信心，这一切无疑对正在迅速发展的互联网产业产生了严重影响。

1.1.1　背景

经济利益已经成为攻击、病毒等恶意程序制造者最大的驱动力。恶意程序制造者已经不再以炫耀自己的技术为目的，也不再"单打独斗"，而是结成了团伙，进而形成一整条黑色产业链。从事此类恶意行为的成本很低，收益很大，但调查处理的成本很高，这是其愈演愈烈的根本原因之一[10]。

　　DoS 攻击利用多台已经被攻击者所控制的机器对某一台单机发起攻击，在带宽有限的情况下，被攻击的主机很容易失去反应能力。作为一种分布、协作的大规模攻击方式，DoS 攻击主要瞄准比较大的站点，如商业公司、搜索引擎和政府部门的站点。2000 年以来，全球许多著名的网站，如 Yahoo、CNN、Buy、eBay 等，包括新浪网（中国）相继遭到 DoS 攻击；俄罗斯黑手党在敲诈某银行和赌场未遂后，实施 DoS 攻击导致一家中型电信运营商全部掉线。Arbor Networks 宣告 2014 年上半年是容量耗尽、DoS 攻击最频繁的时期。因此，DoS 攻击被认为是互联网服务提供商（Internet Service Provider，ISP）目前最大的运营危害[11]。近来国内安全站点黑客基地也因受到攻击而经常不能提供 Web 服务。2004 年 10 月 17 日，国内某著名公司因遭受低速洪水攻击而使得大多数用户不能登录其即时聊天系统；2006 年 10 月 17 日，国内多家网站受到 LDoS 攻击。LDoS 攻击包穿透电信的多层路由过滤和各个公司的入侵检测系统，直达服务器，造成多家国内大型网站停止服务[2, 12]。严峻的网络安全形势说明网络进入了软绑架勒索时代，DoS 会造成严重的经济损失和恶劣的社会影响，所以检测和防御 DoS 攻击刻不容缓。

　　DoS 攻击犯罪有两个明显不同于传统犯罪的特点：①犯罪现场的不确定性，带来了电子证据的法律效力及有关损失的评估难题；②立法执法跟不上形势，很难了解犯罪行为造成的破坏价值。如果这种攻击被用于攻击基础网络，那么带来的损失不可估量[2]。

　　LDoS 是利用 TCP 拥塞控制机制或路由器主动队列管理机制的漏洞，通过估计合法 TCP 流的超时重传（retransmission time out，RTO）作为低速率攻击发包的周期 T，周期性地发送短脉冲，使得攻击流可以周期性地占用网络带宽,这样就会使合法的 TCP 流总是认为网络的负担很重，造成所有受其影响的 TCP 流进入超时重传状态，最终使得受害主机的吞吐量大幅度降低。这种攻击具有隐蔽性强、流量小等特点，很难被常规的针对传统拒绝服务攻击的检测机制检测到，可使受害机器长时间遭受攻击而不被发现，它所表现出的破坏性甚至比传统的 DoS 攻击更大，危害性更是不可估量[2, 7, 12]。如果该攻击技术被黑色产业链所掌握，那么后果将十分严重。因此，针对 LDoS 攻击的产生机理、检测算法和过滤方法的研究十分必要和紧迫，研究成果有助于阻断黑色产业链经营者利用 LDoS 攻击作为营利手段，避免攻击造成国家经济的巨大损失和社会形象的负面影响。

1.1.2　国内外研究概况

　　LDoS 从 2001 年被发现以来，引起了世界上很多研究者的关注。在国际上，Kuzmanovic 和 Knightly[3, 4]最早对 LDoS 的产生原理进行了比较详细的分析，并对 LDoS 的周期脉冲特性进行了深入研究，挖掘了 LDoS 攻击产生溢出的方法，提出了基于网络的防御思想；Cheng 等[13]首先提出了在频域（frequency domain）利用归一化累积功率谱密度（normalized cumulative power spectrum density，NCPSD）检测 LDoS 攻击的方法；Barford 等[14]提出了采用信号处理的方法检测网络中异常流量的方法；

Maciá-Fernández [15, 16]和 Chen[17]等比较完善地研究了在频域检测 LDoS 攻击的方法，并在嵌入式环境下进行了测试；Luo 和 Chang [18]对 LDoS 攻击的性能进行了仿真和试验，并采用小波（wavelet）检测技术在频域中检测 LDoS 攻击；Maciá-Fernández 等[19]研究了 LDoS 针对应用服务器的攻击模型。目前，国际上针对 LDoS 的研究大都集中在其检测和防御上[20]。

在国内，北京邮电大学信息安全中心的杨义先教授领导的研究团队研究了一种检测低速率拒绝服务攻击的方法及装置[21]；钮心忻教授领导的研究小组研究了低速率拒绝服务攻击的三级检测算法[22]；武汉大学计算机学院的何炎祥教授带领的研究小组开展了对 LDoS 攻击模型等的相关研究[23]，并提出一种基于小波特征提取的 LDoS 检测方法[24]；中国科学技术大学的研究小组研究了 LDoS 针对快速 TCP 攻击的性能[25]；国防科学技术大学计算机学院的张长旺等研究了基于拥塞参与度的 LDoS 攻击检测过滤方法[26]；浙江大学的魏蔚等研究了低速率 TCP 拒绝服务攻击的检测响应机制[27]和基于秩相关的检测分布式反射 DoS 攻击的方法[28]；上海交通大学研究了基于快速重传/恢复的低速率拒绝服务攻击机制[29]。

本书在分析 LDoS 攻击原理和产生机制的基础上，针对其攻击性能进行了研究，并采用信号处理技术，在基于功率谱密度（power spectral density，PSD）的检测和频域过滤 LDoS 攻击方面取得了一些进展[30-41]。

1.1.3　存在问题和发展趋势

DoS 攻击之所以相对容易形成，主要原因是 Internet 缺乏有效的认证机制，其开放的结构使得任意数据包都可以到达目的地。而且，现有很多 DoS 工具可以任意下载，并被加以利用，这为发起 DoS 攻击创造了便利。据报道，目前精心构造的攻击甚至能够达到 200Gbit/s 左右的攻击流量，足以充斥任何一个服务器的接入带宽[1]。因此，DoS 攻击的解决方案一直是网络安全研究领域的难点问题。

在合法 TCP 流和 LDoS 流发往同一目的地的情况下，LDoS 流表现出两个不同的重要行为[39]。

（1）LDoS 流的最高速率将保持不变，而 TCP 流呈线性增长。

（2）LDoS 流在相对固定的时间周期到达目的地，而 TCP 流是连续到达的。

1. 存在的问题

采用现有的通信量分析方法，周期性脉冲很难在时间域被检测出来，这是因为平均共享的带宽并不是非常大。在分布式的情况下，成倍的傀儡机发起的攻击会进一步降低单个通信量的速率，因此检测更加困难。分布式攻击发起者可以通过降低最高速率或者延长攻击周期来降低平均通信量，所以用时间序列检测这类攻击是毫无效果的。现有的攻击检测手段基本是基于时间序列的，对 LDoS 攻击的检测是个盲点[39]。

目前 LDoS 攻击之所以没有在国内全面报道或者形成轰动效应的主要原因如下[39]。

（1）现有检测手段很难发现 LDoS 攻击。目前入侵检测手段采用时间统计的方法，即在设定的检测时间内对攻击包的个数进行统计，根据统计流量的大小来判定是否存在攻击。由于 LDoS 攻击脉冲的持续时间很短，远小于现有检测方法设定的平均检测时间，而且 LDoS 攻击的平均流量很小，只有正常流量的 10%～20%。因此，现有检测手段对于 LDoS 攻击的检测存在一定的缺陷。

（2）LDoS 攻击需要的专业知识较多。一般黑客即便掌握了 LDoS 攻击的产生技术，但由于攻击时间同步和流量汇聚等关键技术不能很好地解决，所以发起 LDoS 攻击的概率很小。

（3）当前大多数网络攻击是以金钱为利益驱使的。高技术、高危害度的攻击掌握在少数的黑客手中，在有利可图的情况下，出租攻击网络给出钱人，去破坏或者报复选定的目标。因此，黑客不轻易发起 LDoS 攻击。

2. 发展趋势

在 DoS 攻击的处理上，目前国际上流行采用信号处理与网络流量数据处理技术相结合的方法，把经典的信号检测理论和滤波器理论应用到攻击流量的检测和过滤方法中[13, 14, 42]。例如，采用归一化累积功率谱密度作为检测 LDoS 攻击的判定依据[43, 44]，以及采用小波分析技术在频率分量中发现攻击分量等[24]。所以，本书研究的主要思路就是将 LDoS 攻击的流量当做小信号（small signal）处理，采用数字信号处理（digital signal processing，DSP）技术实现 LDoS 攻击的检测和过滤[31-33, 35, 36, 38-40]。

1.2　LDoS 攻击原理

LDoS 攻击可以分为两种形式[2, 12]：第一种是利用 TCP 拥塞控制机制[3, 4, 43, 44]；第二种是利用路由器主动队列管理机制[30, 45, 46]。这两种攻击形式没有本质的区别，都是利用系统自适应机制的漏洞，通过虚假的拥塞信号使端系统或链路处于不稳定的状态，这种不稳定状态最终导致系统服务质量（quality of service，QoS）大大降低[6, 7]。

LDoS 攻击的形式变化多样，但是基本特征始终不变。典型的 LDoS 攻击的数学模型如图 1-1 所示[3, 19]。

一个单源 LDoS 攻击脉冲序列可以用一个四元组表示为 $A(T_{Extent}, S_{Extent}, T_{Space}, N)$[2, 3, 12, 19]。其中，$T_{Extent}$ 是脉冲攻击长度，代表攻击者持续发包的时间段；S_{Extent} 是脉冲幅度，代表流量的最高速率；T_{Space} 表示两个脉冲之间的时间间隔；N 是一次攻击发出的脉冲总数，如图 1-1(a)所示。而多源 LDoS 攻击需要产生周期、幅度等特征一致的方波，这些方波到达受害者端恰好汇聚成一个足够大的脉冲，图 1-1(b)所示为两个半脉冲速率的 LDoS 攻击流；图 1-1(c)所示为两个等脉冲速率双倍周期的 LDoS 攻击流。

要想获得更佳的攻击效果，LDoS 攻击一般还需要具备以下必要条件[34, 47-50]。

（1）攻击的周期与 TCP 的 RTO 值相同。

（2）脉冲攻击幅度应足以造成包丢失。

（3）脉冲攻击长度应该比 TCP 流的往返时延大，从而引起拥塞。

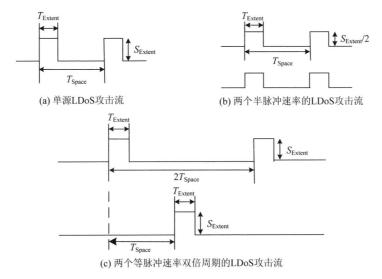

(a) 单源LDoS攻击流　　　　　(b) 两个半脉冲速率的LDoS攻击流

(c) 两个等脉冲速率双倍周期的LDoS攻击流

图 1-1　LDoS 攻击模型

1.2.1　针对 TCP 拥塞控制机制的 LDoS 攻击

TCP 是目前互联网中使用最广泛的传输协议。根据美国世界通信公司（WorldCom）的统计，互联网上总字节数的 95% 及总数据包数的 90% 均使用 TCP 传输[51]。TCP 采用流量控制、拥塞控制和差错控制作为最基本的可靠性技术。其中，拥塞控制是为了避免由于网络拥塞而造成数据频繁重发继而带来更严重的网络拥塞。然而，TCP 的拥塞控制机制存在一定的安全漏洞，因此，攻击者可以利用 TCP 拥塞控制机制存在的漏洞发起 LDoS 攻击[8]。

TCP 拥塞控制机制，无论慢启动、超时重传还是和式增加、积式减小，其核心思想都是不断探测网络所能承受的最大传输上限。当发现网络数据包丢失时，认为达到网络传输上限，迅速减小拥塞窗口，避免给网络带来更严重的拥塞。LDoS 攻击正是利用这一机制，在大部分时间里保持沉默，而在特定时刻短时间内发送脉冲式攻击流，造成部分网络数据包丢失，使得 TCP 发送方误认为存在拥塞，开始重传并减小拥塞窗口。所以，LDoS 攻击可以致使一些反常现象出现，例如，正常 TCP 流吞吐量明显减小和间歇网络拥塞等[52, 53]。

1. TCP 拥塞控制

Internet 上的数据流无法在虚拟网络中进行资源预留，它总是在对网络资源状况一无所知的情况下开始发送数据。这种情况存在两个隐患：①如果一台非常快的工作站通过网络向它的对端——一台很慢的主机发送大量数据，后者必然会因接收缓冲区溢出而崩溃；②如果每一台主机都不加节制地向网络中发送大量数据，网络必然会陷入拥塞状态甚至崩溃[54]。

TCP 通过流量控制机制和拥塞控制解决网络资源未知情况下的数据发送问题。TCP 流量控制机制的主要作用是接收方在 TCP 连接的有效期内可以动态改变通告窗口的大小并通知发送方，以限制发送方的发送速率。对于序号落在窗口之外的分组，接收方直接将其丢弃。TCP 拥塞控制机制的主要作用是使 TCP 连接在网络发生拥塞时退避（back off），即 TCP 源端会对网络发出的拥塞信号（congestion notification），如丢包、重复的确认字符（acknowledgement，ACK）等作出响应，通过自适应地调整发送端窗口的大小，使网络链路得到最有效的利用[54]。

1）TCP 的拥塞窗口

RFC 2581[54]详细规定了 TCP 拥塞控制算法，TCP 通过对每条连接增加一个拥塞窗口（congestion window，Cwnd）变量（图 1-2）来进一步限制自己的发送速率。在建立连接或从超时重传中恢复时，TCP 连接使用慢启动策略逐渐增大拥塞窗口。TCP 连接中，发送方的发送能力由发送窗口的大小体现，发送窗口越大，发送速度越快，而发送窗口的大小由接收方通告窗口（receiver window，Rwnd）和 Cwnd 两个参数决定，即发送窗口大小 = min(Rwnd，Cwnd)。

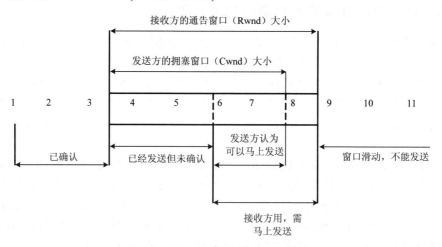

图 1-2　带拥塞控制的滑动窗口算法

在图 1-2 中，虽然报文段 9 落在 Rwnd 内，但是由于 Cwnd 的限制，它不会被发送。相反，当 TCP 检测到自己位于工作点上方时，它通过不断将自己的发送速率折半来缓解网络的拥塞状况，这种思想被称为和式增加，积式减少（additive increase multiplicative decrease，AIMD）[55]，是传统 TCP 拥塞控制算法的基础。

这里 Rwnd 由接收方决定，发送方无法对其进行影响，因此发送方可以通过改变 Cwnd

来改变发送窗口的大小，影响发送速度。在 Rwnd 不变且 Cwnd<Rwnd 的情况下，Cwnd 决定发送速度。在慢启动阶段，起初将拥塞窗口设为一个最大报文段大小（maximum segment size，MSS）[56]，然后每收到一个确认都会使拥塞窗口增加一个 MSS，实际上这种增加方式是一种指数级增长方式。例如，开始时发送方只能发送一个数据段，当收到该段的确认后拥塞窗口加大到 2 个 MSS，发送方接着发送两个数据段，收到这两个数据段的确认后，拥塞窗口加大到 4 个 MSS，接下来发送 4 个数据段，以此类推。如果网络状态良好，发送方的发送速度就会迅速增加。当拥塞窗口增大到慢启动阈值 ssthresh 时，慢启动阈值为拥塞发生时拥塞窗口的一半，TCP 链路进入拥塞避免阶段，此时拥塞窗口的增加速度大大降低，每收到一个确认，拥塞窗口增加 1 个 MSS，即使确认是针对多个段的，拥塞窗口也只增加 1 个 MSS，这样做是为了避免发送方的发送速度过快导致可能的网络拥塞。

如果由于网络严重拥塞发生了超时重传，发送方进入拥塞避免阶段。在这个阶段 TCP 链路的吞吐量会大大降低，首先慢启动阈值会降为 Cwnd 的一半，然后 Cwnd 重置为一个 MSS，最后链路进入慢启动阶段，这样进入新一轮的循环。如果网络拥塞并不严重，即发送方还能收到来自接收方的确认并且连续收到 3 个相同的确认时，则将发送方的 Cwnd 减半，并重传此包而不需要等到超时定时器超时，这就是所谓的快重传机制[56]。TCP 链路状态变化如图 1-3 所示[56]。

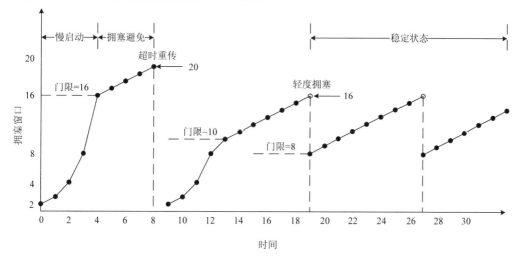

图 1-3　TCP 拥塞窗口状态变化

2）慢启动

TCP/IP 协议簇的设计起初考虑到了网络的异构性问题，或者说它一开始就是为了将各种异构网络互联互通而设计的。在 Internet 上既有带宽仅 1200bit/s 的分组无线电链路，也有带宽高达 1000Mbit/s 的以太网链路，为了使 TCP 在这些链路上平稳运行，协议设计者使用一种称为"自计时"（self-clocking）的机制来自动调节 TCP 的发送速率，通过对先前发送的分组的确认 ACK 触发后续数据的发送，ACK 到达得快则提高发送速率，ACK 到达得慢则降低发送速率。但是在刚开始发送、没有 ACK 触发的情况下，Jacobson 提出采用慢启动[57]机制启动"时钟"并决定发送速率。

在 TCP 连接被建立后，Cwnd 被初始化为一个报文段大小。以后每收到一个确认了新数据的 ACK，Cwnd 就增加一个报文段。这样在连接初期，Cwnd 将呈指数级递增，即每个往返时间（round-trip time，RTT），Cwnd 翻一番[20, 58]，而 TCP 的发送速率也相应地以指数方式递增。可以想象，按照这样的递增速度在某个时候发送的数据会逼近网络的信道容量，从而使瓶颈处的路由器开始丢弃报文。为了尽量避免在慢启动阶段出现这种情况，TCP 设置了一个变量，即慢启动阈值。当 Cwnd 增长到慢启动阈值时，慢启动过程就结束了。通过这个阶段，TCP 探测到了网络的大致容量。

3）拥塞避免

TCP 检测到潜在的拥塞时，转入"拥塞避免"状态，此时执行的算法为拥塞避免算法[10]。它是增大 Cwnd 的另一种方式，只不过它的增长曲线是线性的，比慢启动要保守得多。此时对于每一个确认了新数据的 ACK，Cwnd 增长 1/Cwnd，这意味着在一个 RTT 内 Cwnd 仅增长一个报文段大小。通过这种对 Cwnd 的局部调整，TCP 试图找到发送速率的最优工作点。

除了在慢启动结束后自动进入拥塞避免状态外，在任何时候若 ACK 超时或者收到重复的 ACK 也会进入这个状态。后两种情况下，慢启动阈值会减半，以修正最初对网络带宽的错误估计。

4）快速重传和快速恢复

在 BSD UNIX 4.3 以及以后的 TCP 实现中，当接收方丢弃一个滑动窗口之外的报文段，或者接收到一个在滑动窗口内但是失序的报文段时，它会马上产生一个重复的 ACK（下面称为 dupACK，它不确认新的数据）。因为这是实现快速重传的基础[57]，所以在 RFC 2581[54]中明确指出，所有 TCP 实现都应该包含这个策略。

从发送者的角度来看，dupACK 的出现可能有几个原因。首先，发送的某个报文段可能因为落在滑动窗口外而被对方丢掉；其次，网络可能将分组进行了重新排序，即后发送的反而先接收到；最后，网络可能产生了被发送的某个分组的多个副本，并将所有副本送到接收方。如果能够肯定是第一种情况，则可以认为网络发生了拥塞，某些报文段被路由器丢弃，这样在重传定时器溢出之前就可以重传丢失的报文段；但如果是后两种情况，贸然进行重传就是非常不值得的。为此，快速重传算法设置了一个变量 tcprexmtthresh（通常被称为重复确认阈值（dupACK threshold），在绝大多数 TCP 实现中其值都是常数 3）。如果发送方连续收到的 dupACK 达到这个阈值，就认为这是由于报文段丢失而引起的。此时发送方进行如下操作。

（1）依次执行 ssthresh=Cwnd/2，Cwnd=ssthresh＋tcprexmtthresh，并重传丢失的报文段（快速重传）。其中，前一个赋值操作结合第 3 步将当前速率减半，后一个赋值操作则因为对方发送的每一个 dupACK 都意味着它收到了一个报文段，即网络管道中空出了一个报文段的位置。

（2）此后每收到一个 dupACK 就将 Cwnd 增加一个报文段大小。如果新的 Cwnd 允许发送，则马上发送一个分组。

（3）当确认新数据的 ACK 到达时，设置 Cwnd 为 ssthresh，即将速率变为快速重传前的一半，并进入拥塞避免状态，这称为快速恢复，因为虽然检测到了拥塞，但是不需要重新进行慢启动。

2. 针对 RTO 的 LDoS 攻击

针对 TCP 拥塞控制的 LDoS 攻击分为两类：①基于 RTO 的 LDoS 攻击[58]，以引起链路的重度拥塞为目标，使 TCP 的发送方一直处于超时重传状态，拥塞窗口始终处于最小值，这种攻击方式的攻击效果最佳；②基于 AIMD 机制 LDoS 攻击[59]，攻击者通过调节攻击脉冲的周期，使链路频繁进入快速重传/快速恢复状态。这种攻击方式不会引起链路的重度拥塞，发送端按 AIMD 机制降低拥塞窗口。

根据 RFC 2988[60]的规定，TCP 使用一个重传定时器来计算 TCP 超时的时间，保障数据的传输[61]。该定时器的时间间隔称为超时重传（发送端没有收到相应的 ACK 报文时，需要经过 RTO 时间后重发未经确认的报文）。如果发送方的超时定时器超时，则整条连接的传输能力将大大降低，这主要是因为当初在设计 TCP 自适应机制时，设计人员主要注重的是系统稳态的有效性、公平性和稳定性，对其安全性考虑不多，并且假设系统大部分时间都处于稳定状态，忽略了系统的暂态性能。

为了获得更高的吞吐量，TCP 使用带固定增量预定义的 RTO 值[34]。LDoS 攻击利用这个 RTO 重传机制调整其攻击周期，通过周期性地发送脉冲信号占用链路带宽，这使得试图发送数据包的合法 TCP 流面临高负荷的链路。这些合法的 TCP 流必须遵守拥塞控制机制并因此降低它们的传输速率。一个成功的 LDoS 攻击可以使得合法 TCP 通信量的吞吐率低于正常水平的 10%。

1）TCP 超时重传机制

在 TCP 中，发送端发送数据时设置一个超时定时器[3]，如果定时器溢出时还没有收到确认，则认为该数据丢失，于是重传该数据。TCP 不会快速重传丢失的数据包，因为这样会导致网络拥塞更加严重。在超时的情况下，发送端将拥塞窗口设置为 1 个报文段大小，然后重新发送此包，每个 RTT 间隔内 RTO 按指数退避算法变化。如果重传的数据包收到应答，则系统进入慢启动状态，每个 RTT 间隔内，拥塞窗口呈指数级增长；如果重传的数据包仍然超时，则继续重传，直到重传成功或放弃重传。根据 TCP，对于非重传报文段，当发送端收到其 ACK 时，需要根据其所测得的往返时延 RTT 更新此链路的 RTO，假设发送者确定发送第一个数据包的 RTT 为 R'，于是可得[60]

$$SRTT = R' \tag{1-1}$$

$$\text{RTTVAR} = R'/2 \tag{1-2}$$

$$\text{RTO} = \text{SRTT} + \max(G, 4\text{RTTVAR}) \tag{1-3}$$

式中，G 为时钟间隔尺度（小于等于 10ms）；SRTT（smoothed round-trip time）为平滑往返时间估计；RTTVAR（round-trip time variation）为往返时间均方误差估计。

当要确定下一个发送包的 RTT 值 R' 时，SRTT 与 RTTVAR 的计算稍有变化，其中 $\alpha = 1/8$，$\beta = 1/4$ 是两个固定参数[53, 60]。

$$\text{RTTVAR} = (1 - \beta)\text{RTTVAR} + \beta|\text{SRTT} - R'| \tag{1-4}$$

$$\text{SRTT} = (1 - \alpha)\text{SRTT} + \alpha R' \tag{1-5}$$

综合式（1-4）和式（1-5），RTO 可以这样计算[60]

$$\text{RTO} = \max(\min \text{RTO}, \text{SRTT} + \max(G, 4\text{RTTVAR})) \tag{1-6}$$

假如 $\min \text{RTO} > \text{SRTT} + 4\text{RTTVAR}$，为了使网络达到接近最优的吞吐率，最小重传时间推荐 $\min \text{RTO}$ 为 1s[62]，$\max \text{RTO}$ 为 RTO 上限值。

2）基于 RTO 的同步 LDoS 攻击原理

LDoS 攻击正是利用 TCP 连接超时重传后会极大地降低其传输能力这一特点，通过周期性发送一定高强度的脉冲攻击流，使系统不断在不稳定和稳定两个状态间切换，即一直处于低效暂态，从而降低系统或网络的整体性能。

同步 LDoS 攻击是一种理想状态的攻击形式，攻击者需要精确地跟踪 RTO 变化，以此确定攻击脉冲的时间间隔。该攻击形式效果最佳，可以使对方链路的 Cwnd 一直保持为 1[8, 59]。RTO 的变化过程如下。

当大部分 TCP 连接处在网络状态良好且 RTT 差别不是很大的情况下，由 RTT 计算得到的 RTO 一般都小于 1s。根据 RFC 2988[60]的规定，这些连接的 RTO 都要补足 1s。大部分连接如果同时在 $t = 0$ 时刻超时，那么根据指数退避算法，它们都将 RTO 调整到 2s，在 $t = 2$ 再次超时，那么将 RTO 调整到 4s，这些连接都将在同一时刻重传数据。这样大部分处于良好网络状态的 TCP 连接（除了 RTT 值很大的连接）重传数据的时间就是可以预测的，LDoS 就是利用这种可以预测的重传时间发起攻击，造成网络在一定时间间隔短暂的阻塞，使发送方不断进入超时重传的状态，从而降低服务质量。

实际上，LDoS 攻击只需要在超时发送方重发数据的时刻发起持续时间很短的类似 DoS 的攻击，而在发送方等待重发定时器超时的时候并不发起攻击，这样 LDoS 攻击所产生的平均攻击流量很小，使传统检测 DoS 的方法无法发现 LDoS 攻击的存在。这是因为传统检测 DoS 的方法都是依据 DoS 网络流量异常的统计特性作为判断的依据，而 LDoS 攻击时网络流量不具有这些统计特性。同步 LDoS 攻击如图 1-4 所示[8, 59]。

3）基于 RTO 的异步 LDoS 攻击原理

同步 LDoS 攻击方式可以使对方链路的 Cwnd 一直保持为 1，造成通信几乎完全中断，这是最理想的状态。由于网络状态是动态变化的，首先精确地计算出 RTO 很困难，其次攻击流量不可能准时和规则地发送到攻击目标处。Kuzmanovic 和 Knightly 提出了 Shrew 攻击[3]，设置 LDoS 攻击周期为 min RTO + 2RTT，这样的攻击依然可以使发送方的 Cwnd 保持在一个很低的水平，同时发送方可以成功重传一些数据包，使重新计算的 RTO 始终等于 min RTO，简化了对以后 RTO 的计算，LDoS 攻击模型如图 1-5 所示[8, 59]。

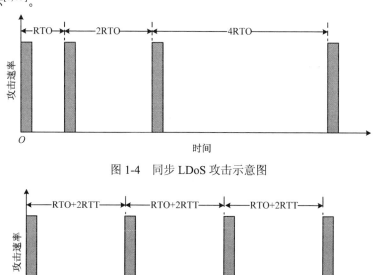

图 1-4　同步 LDoS 攻击示意图

图 1-5　LDoS 攻击示意图

3. 针对 AIMD 的 LDoS 攻击

基于 AIMD 的 LDoS 攻击与基于 RTO 的 LDoS 攻击不同，其攻击强度稍弱，攻击脉冲只会引起网络的轻度拥塞，当 TCP 发送方收到 3 个重复的 ACK 包时，频繁进入快速重传/快速恢复状态，拥塞窗口按照 AIMD 算法不断减小，从而导致系统性能下降[8, 59]。

在实际网络中，基于 RTO 的 LDoS 攻击和基于 AIMD 的 LDoS 攻击往往同时存在，这是因为 TCP 发送方的拥塞窗口是同时受超时重传和 AIMD 两种机制控制的，某一时刻可能是针对 RTO 的攻击，而另一时刻可能是针对 AIMD 的攻击，这取决于链路状态和 LDoS 攻击强度。

1）TCP 的 AIMD 机制

AIMD 算法是 TCP 拥塞控制机制中使用的一种发送窗口调节算法，也是 TCP 拥塞控制机制的核心算法。如果发送端处于快速恢复状态，则采用 AIMD 算法计算拥塞窗口，AIMD 算法用数学公式表示为[8, 59]

$$I: W_{t+R} \leftarrow W_t + \alpha, \quad \alpha > 0$$
$$D: W_{t+R} \leftarrow \beta \times W_t, \quad 0 < \beta < 1 \tag{1-7}$$

式中，I 式表示在一个回路响应时间 RTT 内接收到 ACK 确认包而引起窗口（速率）增加的算法；W_t 是 t 时刻窗口的大小；W_{t+R} 代表 t 时刻后经过一个往返时间的窗口大小；R 代表回路响应时间 RTT；α 是加性增加的参数值；D 式表示遇到拥塞后窗口（速率）减小算法；β 是乘性减少的参数值。

Chiu 和 Jain[55]研究了 AIMD 算法的稳定性和公平性，指出了 α、β 应满足一定的条件（式（1-7））。目前，Internet 中广泛使用的是 Reno 版本的 TCP，其使用的 AIMD 算法中参数 α 和 β 的值分别为 1 和 0.5。

考虑到许多 TCP 实现并非每接收一个包就发送一个 ACK，而是在连续接收 d 个包时才发送一个延迟的 ACK。在这种情况下，拥塞窗口每隔 d 个 RTT 才增大 α。与基于 RTO 的 LDoS 攻击相似，基于 AIMD 的 LDoS 攻击也可以分为同步和异步两种情况[8, 59]。

2）基于 AIMD 的同步 LDoS 攻击原理

同步 LDoS 攻击是指发起攻击时刻始终保持与拥塞窗口减少到确定值时刻一致。定义拥塞窗口的初始值为 W_0，W_n 为第 n 次 LDoS 攻击到来之前拥塞窗口的大小，则第 n 次 LDoS 攻击使得拥塞窗口从 W_n 降为 $\beta \times W_n$。当拥塞窗口从 $\beta \times W_n$ 增加到 $f \times W_n$（$1 \geqslant f > \beta$）时，发起第 $n+1$ 次 LDoS 攻击。也就是说，对于一个典型的 AIMD 算法 $\mathrm{AIMD}(\alpha, \beta)(\alpha > 0, 1 > \beta > 0)$，应在其拥塞窗口大小达到前一次 LDoS 攻击发起时刻大小的 $f(1 \geqslant f > \beta)$ 倍时发起攻击[8, 59]。

因为每一次攻击都会使拥塞窗口从 W 降为 $\beta \times W$，所以第 n 次攻击后拥塞窗口大小 $\mathrm{Cwnd} = f^n \times W_0$。因此，使拥塞窗口达到最小值 1，需要发起 $\dfrac{\log_2(2/W_0)}{\log_2 f}$ 次 LDoS 攻击。

根据 AIMD 机制原理，拥塞窗口从 $\beta \times W_{n-1}$ 增加到 $f \times W_{n-1}$ 需要的时间为

$$\frac{(f - \beta) \times W_{n-1} \times d}{\alpha} \times \mathrm{RTT}$$

式中，d 为接收端发送一个 ACK 包所需发送端发送数据包的数量。

假设 RTT 为定值，且 t_0 为第一次攻击的发起时间，则 $n > 0$ 时，第 n 次 LDoS 攻击发起的时间为[8, 59]

$$t_n = t_{n-1} + \frac{(f - \beta) \times W_{n-1} \times d}{\alpha} \times \mathrm{RTT}, \quad n \geqslant 1 \tag{1-8}$$

又知 $W_n = f \times W_{n-1}$，代入式（1-8）得[59]

$$t_n = t_{n-1} + \frac{(f - \beta) \times d \times f^{(n-1)} \times W_0}{\alpha} \times \mathrm{RTT}, \quad n \geqslant 1 \tag{1-9}$$

对 t_{n-1} 依次迭代，可得第 n 次 LDoS 攻击发起的时间为[8, 59]

$$t_n = t_{n-1} + \frac{1-f^n}{1-f} \times \frac{(f-\beta) \times d \times W_0}{\alpha} \times \mathrm{RTT}, \quad n \geqslant 1 \qquad (1\text{-}10)$$

基于 AIMD 的同步 LDoS 攻击模型如图 1-6 所示。其中，实线代表无 LDoS 攻击的 AIMD(1,0.5)控制的拥塞窗口大小的变化情况，虚线代表同条件下基于 AIMD 的同步 LDoS 攻击的拥塞窗口大小的变化情况。

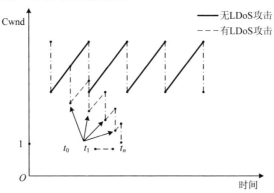

图 1-6　基于 AIMD 的同步 LDoS 攻击模型

从图 1-6 可以清楚地看出，LDoS 攻击的间隔时间越来越短，攻击越来越频繁。(α, β) 取值为 (1,0.5) 时，随着拥塞窗口的逐渐减小，窗口大小最终趋近于最小值 1，链路性能达到最差[8, 59]。

3）基于 AIMD 的异步 LDoS 攻击原理

与基于 RTO 的同步 LDoS 攻击类似，准确估计 LDoS 攻击的发起时间非常困难，从而提出了基于 AIMD 的异步 LDoS 攻击，攻击的固定周期为 $T_{\mathrm{AIMD}} = T_{\mathrm{Space}} + T_{\mathrm{Extent}}$，如图 1-7 所示[8, 59]。

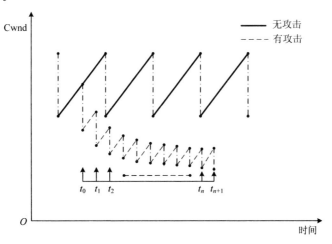

图 1-7　基于 AIMD 的异步 LDoS 攻击模型

根据式（1-9），在第 $n+1$ 次 LDoS 攻击发起之前，拥塞窗口的大小为[8, 59]

$$W_{n+1} = \beta \times W_n + \frac{\alpha}{d} \times \frac{T_{AIMD}}{RTT} = \beta^{n+1} \times W_0 + \frac{\alpha}{d} \times \frac{1-\beta^{n+1}}{1-\beta} \times \frac{T_{AIMD}}{RTT} \qquad （1-11）$$

如果拥塞窗口大小最终能够收敛，则一定存在 n 满足 $W_{n+1} = W_n$。因此，将 $W_{n+1} = W_n$ 代入式（1-11），可以得到拥塞窗口收敛于[8, 59]

$$W_C = \frac{a}{(1-\beta) \times d} \times \frac{T_{AIMD}}{RTT} \qquad （1-12）$$

由式（1-12）可知，LDoS 攻击周期越短，拥塞窗口收敛值 W_C 越小。最终，拥塞窗口大小将在 W_C 附近极小的范围内浮动，链路性能将无法改善。

令 $W_0 = W_C + \delta$，$\delta > 0$，且 $W_n - W_C < \varepsilon$，ε 是一个极小的值，那么 W_n 可等价于 W_C。由式（1-5）和式（1-6）可知，$W_n = \beta^n \times W_0 + (1-\beta^n)W_C$。将 $W_0 = W_C + \delta$ 代入 $W_n = \beta^n \times W_0 + (1-\beta^n)W_C$，可得[8, 59]

$$n = \frac{\log_2(W_n - W_C) - \log_2 \delta}{\log_2 \beta} \qquad （1-13）$$

又因为 W_n 可等价于 W_C，从而得到使拥塞窗口大小从 W_0 缩小为 W_C 所必需的 LDoS 攻击的最小次数为[8, 59]

$$N_{attack} < \frac{\log_2 \varepsilon - \log_2 \delta}{\log_2 \beta} \qquad （1-14）$$

由式（1-14）可知，对于不同的 β 值，需要不同的 LDoS 攻击次数使拥塞窗口大小收敛于一个固定值 W_C。β 值越大，拥塞窗口大小收敛于 W_C 需要 LDoS 攻击的次数就越多，原因是 AIMD 机制使拥塞窗口减小的速率越小，达到相同攻击效果需要的攻击次数就越多。同样，δ 值越大，拥塞窗口大小收敛于 W_C 需要的时间越长。

1.2.2　针对路由器主动队列管理机制的 LDoS 攻击

主动队列管理（active queue management，AQM）[23]是基于先入先出（first input first output，FIFO）队列调度策略的队列管理机制，使得路由器能够控制在什么时候丢多少包，以支持端到端的拥塞控制。AQM 具有以下优势：①AQM 通过保持较小的平均队列长度，能够减少包的排队延迟（queuing delay），而排队延迟是造成端到端延迟（end to end delay）的主要原因，这对交互式应用（如 Web 浏览、Telnet 业务和视频会议等）非常重要；②避免了"死锁"现象，AQM 能够通过确保到来的包几乎总是有可用的队列空间，从而阻止"死锁"的发生。也正是这个原因，AQM 能够解决路由器对低带宽高突发的流的不公平性问题[23]。

主动队列管理在网络状况稳定的情况下，缓冲队列长度基本保持一个固定值，相当于 TCP 连接的稳态。而当受到 LDoS 攻击时，网络会产生突发的流量，这会使路由器根据算法预测到网络有拥塞发生，于是随机通知某些连接降低发送速率，从而影响网络性能，这相当于 TCP 连接的不稳定状态。路由器要经过调整直到达到稳定状态，然后下一轮 LDoS 攻击脉冲又会使路由器进入不稳定状态，持续这样将极大地影响路由器的性能[64]。

主动队列管理的原理相当简单：通过在路由器队列中丢弃或标记数据包将拥塞情况隐式或显式地通知源端，源端相应地减小数据发送速率来响应数据包的丢弃或标记，从而避免更严重的拥塞发生。AQM 解决的问题主要包括以下四方面[23]。

（1）早期探测路由器可能发生的拥塞，并通过随机丢弃或标记分组来通知源端采取措施避免可能发生的拥塞。

（2）公平处理包括突发性、持久性和间隙性的各种 TCP 业务流。

（3）避免多个 TCP 连接由于队列溢出而造成同步进入慢启动状态。

（4）维持较小的队列长度，在高吞吐率和低时延之间进行合理平衡。

1. 典型的路由器主动队列管理算法

AQM 通过监控路由器输出端口队列的平均长度来探测是否发生拥塞，一旦发现可能发生拥塞就随机选择源端通知它们降低发送数据速率，以缓解网络承受的压力，避免出现拥塞情况。这样的机制提高了各个连接使用网络带宽的公平性，同时允许一些数据流产生小规模的传输高峰而不会丢包，维持整个队列的稳定，并且出现了很多具体的主动队列管理算法[23]。

自从主动队列管理的研究启动后，一系列主动队列管理算法就被提出。从最初的 RED（random early detection）到 RED 的各种改进算法，如稳定的随机早期检测（stadilized RED，SRED）算法[63]、自适应随机早期检测（adaptive RED，ARED）算法[64]、蓝色（blue）算法[65]、随机指数标记（random exponential marking，REM）算法[66]、健壮随机早检测（robust RED，RRED）算法[67]等，另外还有运用控制理论分析网络拥塞控制模型而产生的各种算法，如比例积分（proportional integral，PI）、比例积分微分（proportional integral derivative，PID）、荷载位移控制（load displacement control，LDC）。这些 AQM 算法基本可以分为两类[64]：①使用队列长度（queue-based）作为度量拥塞程度的依据；②使用输入/输出速率（rate-based）度量缓冲区容纳突发流量的能力。

RED 是最常用的 AQM 算法，它是 1993 年由 Floyd 和 Jacobson[61]提出的。它的原理是：路由器在每个接口维持一个队列，采用指数加权滑动平均方法计算队列的平均长度（avq），每收到一个分组就计算平均队列长度，并和预先设定的两个阈值——最大门限 max_{th} 和最小门限 min_{th} 比较。如果平均队列长度 avq 小于最小门限 min_{th}，则新到达的分组进入队列进行排队，此时分组的丢弃概率 $p = 0$（p 是平均队列长度的线性函数）；若平均队列长度 avq 超过最大门限 max_{th}，则将新到达的分组丢弃，此时分组的丢弃概率 $p = 1$；若平均队列长度 avq 在最小门限 min_{th} 和最大门限 max_{th} 之间，则按照某一概率 p 将新到达的分组丢弃，原理如图 1-8 所示[61]。

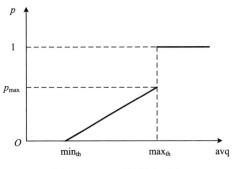

图 1-8　RED 算法原理图

RED 算法主要试图达到以下目标[61]：①最小化分组丢失率和排队延迟；②避免全局同步现象；③避免对突发业务的偏见。

2. 针对 RED 的 LDoS 攻击

因网络中含有大量的突发数据，而传统的 DropTail 对突发业务有很大的偏见。在采用 DropTail 的路由器中，某个流的突发性越高，那么该流的分组进入队列时越容易造成队列溢出，从而导致连续丢弃大量该流的分组。针对 DropTail 算法的缺点，RED 算法主要提出了两个重要思想。

（1）使用指数加权滑动平均后的队列长度（avq），而不是瞬时队列长度计算丢弃概率[45]

$$\text{avq} = (1 - w_q) \times \text{avq} + w_q \times q \tag{1-15}$$

式中，w_q 为权重，q 为当前队列的实际长度。

使用平均队列长度可以避免对突发性的数据流不公平的处理。因此，平均队列长度作为衡量拥塞程度的思想被许多算法所采纳，如 PI、PID 算法等。

（2）均匀化分组丢弃概率。RED 算法计算丢包概率的算法如下[45]

$$p_b(t) = \begin{cases} 0, & \text{avq}(t) \leqslant \min_{th} \\ \dfrac{\text{avq}(t) - \min_{th}}{\max_{th} - \min_{th}} \max_p, & \min_{th} \leqslant \text{avq}(t) \leqslant \max_{th} \\ 1, & \text{avq}(t) \geqslant \max_{th} \end{cases} \tag{1-16}$$

$$\frac{\text{d}}{\text{d}t} \text{avq}(t) = -\beta C[\text{avq}(t) - q(t)], \quad 0 < \beta < 1 \tag{1-17}$$

式中，$\max_{th}$ 为队列长度的最大门限；$\min_{th}$ 为队列长度的最小门限；$\max_p$ 为最大丢包概率；C 为链路带宽。

RED 算法通过增加一个计数器 count，统计两次丢弃发生之间达到队列的分组数，

并使用 $p(t) = \dfrac{p_b(t)}{1 - \text{count} \times p_b(t)}$ 均匀化原始丢弃概率 $p_b(t)$，获得最终的丢弃概率 $p(t)$，这样做可以避免连续分组的大量丢弃，避免全局同步。

当网络中出现大量突发的数据包时，链路产生拥塞，路由器会根据 RED 算法以一定的概率丢弃数据包，同时随机选择源端来通知拥塞，使大部分合法用户进入超时等待状态并停止发送数据包，从而达到平滑数据流的作用。以上因素直接导致合法 TCP 流的吞吐量迅速减小，路由器的瞬时队列长度为空。

针对 RED 的 LDoS 攻击，从队列剧烈抖动到恢复稳定状态需要一段时间的切入点，攻击者向目标路由器发送周期性的攻击脉冲，使路由器的队列长度无法稳定（图 1-9）[45]。

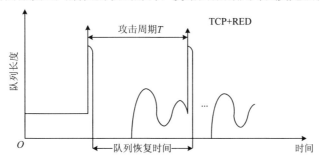

图 1-9　LDoS 攻击下路由器的平均队列长度

当攻击开始时，攻击脉冲强度较大，被攻击路由器的队列长度会迅速增大，由于路由器 RED 自适应机制的控制，路由器的丢包概率也会增大，此时有大量合法的 TCP 数据包被丢弃。同时，由于 TCP 拥塞控制机制的作用，许多 TCP 终端用户减小发送窗口，降低数据发送速率。当路由器队列长度逐渐减小时，RED 机制使数据包的丢弃概率也随之减小，同时，TCP 终端用户也从超时重传中恢复过来。当队列刚进入稳定状态时，下一个攻击脉冲就到来了，这样就使得路由器的队列长度处于不稳定状态，严重影响路由器性能，TCP 链路性能受到影响[45]。

考虑在一条带宽为 C 的 RED 瓶颈链路上有 m 个 TCP 连接和 1 个 CBR（constant-bit-rate）连接，CBR 连接代表攻击流。链路 i 在 t 时刻的往返时延为 $r_i(t)$，等于链路 i 上发送者和接收方的往返传输时延 D_i 与瓶颈链路上的时延之和，即 $r_i(t) = D_i + q(t)/C$。用 $D_{s,b}$ 表示发送者 i 到瓶颈链路的传输时延，占整个时延的 α_i，即 $D_{s,b} = \alpha_i D_i$。瞬时队列长度 $q(t)$ 等于 m 个 TCP 链接的输入速率 $x_i(\cdot)$，加上攻击者速率 $y(\cdot)$，减去链路的输出速率 C，相关公式为[45]

$$\frac{\mathrm{d}}{\mathrm{d}t} q(t) = \sum_{i=1}^{m} x_i(t - D_{s,b}) - (C - y(t - D_{ab})) \tag{1-18}$$

式中，D_{ab} 表示攻击者到瓶颈链路的传输时延。由该式可以看出，攻击速率越大，队列长度增加越快，同时带宽资源消耗也越快。

根据 TCP 的 AIMD 机制，m 个 TCP 连接中每一个连接的吞吐量变化为[45]

$$\frac{\mathrm{d}}{\mathrm{d}t}x_i(t) = \frac{x_i(t-r_i(t))}{r_i^2(t)x_i(t)}(1-p_b(t-D_{s,b}(t))) - \frac{x_i(t)x_i(t-r_i(t))}{2}(p_b(t-D_{s,b}(t))) \qquad (1\text{-}19)$$

式中，等式右边第一项代表加法增大 AI 规则，第二项代表乘法减小 MD 规则，且两项都乘以对最后一个发送窗口的确认 ACK 的速率。式（1-19）中，$D_{s,b}$ 表示瓶颈链路经过接收者到发送者 i 的时延。

上述模型中仅考虑了 AIMD 机制，忽略了慢启动和超时重传机制，即便如此，此模型还是给出了 DoS 攻击对系统影响的下限。在仿真和实际网络环境测试中，因为攻击者会调整攻击持续时间使许多 TCP 连接不仅受到阻碍，而且会进入慢启动或超时重传状态，所以 DoS 攻击的影响会比模型预测的更糟。

1.3　LDoS 与 FDoS 攻击的比较

LDoS 攻击属于 DoS 攻击的范畴，但又不同于传统的 FDoS 攻击。传统的 FDoS 攻击往往是对攻击目标发起的大规模进攻，致使攻击目标无法向合法的用户提供正常的服务。FDoS 攻击简单有效，能够迅速产生效果。目前，较有效的 FDoS 攻击防御方法是基于网络的入侵检测系统（network intrusion detection system，NIDS），主要是通过单位时间的链路流量是否超过某一预先设定的极限值来判断网络中是否发生 DoS 攻击。而 LDoS 攻击具有更智能的攻击方式，可以逃避传统 NIDS 的检测。为了揭示 LDoS 的特性，分别从攻击模型、攻击流特性和防火墙敏感度三方面对 FDoS 攻击和 LDoS 攻击进行比较[68]。

1.3.1　攻击模型的比较

新的 LDoS 攻击和传统的 FDoS 攻击都属于 DoS 的范畴，但是攻击模型和攻击效果有所区别。这里，从信号处理的角度把两者的攻击过程抽象为一个统一的数学模型，如图 1-10 所示[68]。

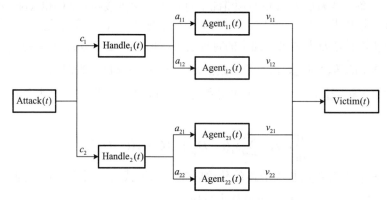

图 1-10　攻击系统简化数学模型

图 1-10 所示的攻击过程步骤如下。

（1）攻击者产生一个攻击信号，记为 Attack(t)，经过一定的链路延迟时间到达主控端主机，激励主控端主机产生第一个响应信号，记为 Handle(t)。

（2）第一步响应信号再经过一定的链路延迟到达代理端主机，激励代理端主机产生响应信号 Agent(t)。

（3）第二步的响应信号经历一定的时间延迟最终到达受害者主机。

在图 1-10 中，Attack(t)代表攻击者端的行为；c_1 和 c_2 代表攻击者端和主控端之间的链路延迟；Handle(t)代表主控端的系统函数；a_{11}、a_{12}、a_{21}、a_{22} 代表主控端和代理端的链路延迟时间；Agent(t)代表代理端主机的系统函数；v_{11}、v_{12}、v_{21}、v_{22} 代表代理端和受害者主机的链路延迟；Victim(t)代表最终的攻击波形。

由上面的分析可推出图 1-10 整个系统的传输函数为

$$h(t) = \sum_{j=1}^{2}\sum_{i=1}^{2}\delta(t-c_i)*\text{Handle}(t)*\delta(t-a_{ij})*\text{Agent}(t)*\delta(t-v_{ij}) \qquad (1\text{-}20)$$

式中，$\delta(t-c_i)$、$\delta(t-a_{ij})$、$\delta(t-v_{ij})$ 代表链路延迟的传输函数。

事实上，既然主控端主机和代理端主机的数目非常大，可以扩展 i 和 j，即

$$h(t) = \sum_{j=1}\sum_{i=1}\delta(t-c_i)*\text{Handle}(t)*\delta(t-a_{ij})*\text{Agent}(t)*\delta(t-v_{ij}) \qquad (1\text{-}21)$$

式中，$i=1,2,\cdots$，代表主控端主机数量的变量；$j=1,2,\cdots$，代表连接在相应主控端的代理机的数目。

正常情况下，攻击者在某个时间点发出攻击命令，可以视其为一个冲击信号，记为 Attack(t) $= \delta(t)$。从接收到命令到给出下一级的命令，主控端主机需要一定的机器反应时间，记为 τ_i，在一定程度上，可以认为主控端主机的行为属于一个延迟系统。既然 τ_i 和 c_i 都是延迟系统，将它们合并，记为 c_i。只要修改 c_i 的定义为攻击者发出命令到主控端主机给出下一级命令的时间片，那么主控端主机的行为可以描述为 Handle(t) $= \delta(t)$，即一个冲击信号。Agent(t)是核心代理端主机的攻击行为，代表具体的攻击波形，如矩形、梯形、三角形，如图 1-11 所示[68]。

最终，所有信号经过 v_{ij} 的延迟后在受害者端聚集。因此，整个系统可以表示为[68]

$$\begin{aligned}
\text{Victim}(t) &= \delta(t)*h(t) \\
&= \delta(t)*\sum_j\sum_i\delta(t-c_i)*\text{Handle}(t)*\delta(t-a_{ij})*\text{Agent}(t)*\delta(t-v_{ij}) \\
&= \delta(t)*\sum_j\sum_i\delta(t-c_i)*\delta(t)*\delta(t-a_{ij})*\text{Agent}(t)*\delta(t-v_{ij}) \\
&= \sum_j\sum_i\text{Agent}(t-c_i-a_{ij}-v_{ij})
\end{aligned} \qquad (1\text{-}22)$$

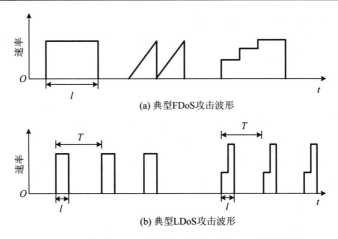

(a) 典型FDoS攻击波形

(b) 典型LDoS攻击波形

图 1-11　典型 FDoS 攻击波形和典型 LDoS 攻击波形

1.3.2　攻击流特性的比较

　　为了比较分析 FDoS 和 LDoS 的时频域特性，在网络仿真 NS-2（net work simulation version 2）平台上搭建了测试网络环境，其网络拓扑结构如图 1-12 所示[68]。

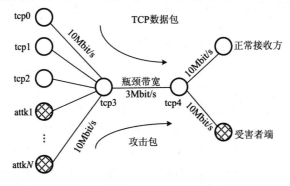

图 1-12　测试网络拓扑图

　　图 1-12 所示的测试网络包括 11 个发送端和 2 个接收端。所有链路除了路由器 3 和路由器 4 的带宽都为 10Mbit/s，两个路由器之间的瓶颈带宽为 3Mbit/s。TCP 流采用 Reno 拥塞控制方式，路由器采用 DropTail 队列管理算法。有三条合法的 TCP 流经过瓶颈链路，它们的 RTT 值为 40～120ms，每条 TCP 流的 min RTO 值都为 1s。队列长度为 100 个包。所有攻击流在 20s 处开始，在 110s 时结束。

　　为了便于比较，选取 25～35ms 这 10ms 的流量进行分析。统一地认为，时域图纵轴表示采样期间包到达个数，频域图表示对这个时间段内到达的包进行的快速傅里叶变换。

　　（1）正常流量时域和频域分析。在没有攻击时，正常流量使用 FTP 流量发生器来产生，包大小设为 1000B。图 1-13 表示单条正常 TCP 流量的仿真结果。可以发现，正常 TCP 流的平均包到达个数约为 1.25，计算可得 TCP 流的平均流量大约为 $1.25 \times 1000 \times 8 / 100 = 1$Mbit/s，3 条 TCP 与预先设计的瓶颈链路的带宽 3Mbit/s 基本一致，这说明了仿真的合理性。从 TCP 流量频域图（图 1-14）可以看到，在 0Hz、40Hz 和 80Hz 频率处有三个峰值，其余的分量较均匀地分布在频率轴上，这说明 TCP 流量具有自身固有的周期性。

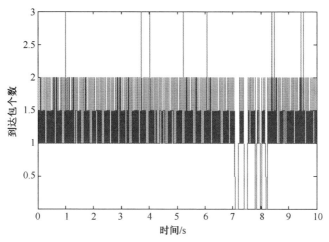

图 1-13　正常 TCP 流量时域图

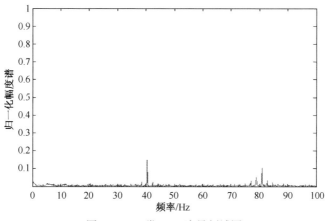

图 1-14　正常 TCP 流量频域图

（2）FDoS 攻击的时域和频域分析。FDoS 采用 8 条用户数据报协议（user datagram protocol，UDP）泛洪类型攻击流，流量使用 CBR 流量发生器（恒定速率流量发生器）产生，每条 FDoS 攻击流发送速率设为 0.375Mbit/s，包大小设置为 50B。图 1-15 是在 FDoS 攻击下的流量，频域图（图 1-16）中最明显的特征就是在 0Hz 处有一个非常大的值，而其他频率分量几乎为 0，这与 FDoS 长时间地维持一个比较稳定的高流量值有关。

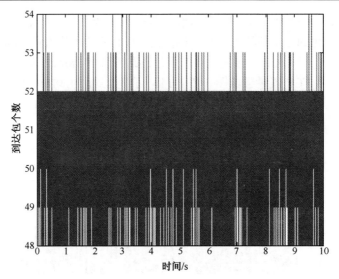

图 1-15　FDoS 攻击下流量时域图

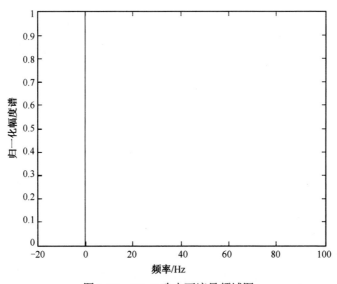

图 1-16　FDoS 攻击下流量频域图

（3）LDoS 攻击的时域和频域分析。LDoS 攻击采用 8 条 UDP 流，设每条攻击流的周期为 1.1s，脉冲长度为 250ms，攻击强度为 0.375Mbit/s，包大小设置为 50B。仿真结果如图 1-17 所示，可以看到，在攻击脉冲过后的脉冲间歇期，TCP 流很少或者几乎没有，说明了 LDoS 攻击的有效性。从图 1-18 的频域图可以看到，LDoS 攻击的一个重要特征是大部分能量都集中在[0, 20]Hz 内，这与它的低频周期性有关。

（4）FDoS 与 LDoS 攻击的能量分析。FDoS 与 LDoS 攻击在各个频率段的能量分布特征明显不同，各个频率段的能量统计如表 1-1 所示。

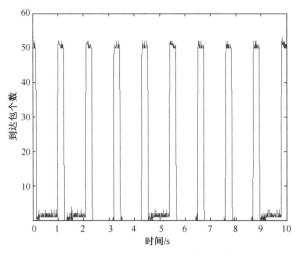

图 1-17　LDoS 攻击下流量时域图

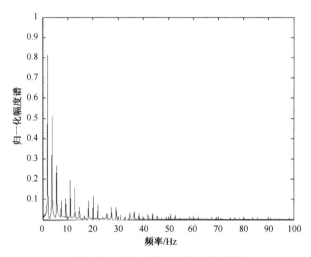

图 1-18　LDoS 攻击下流量频域图

表 1-1　能量对比分析

频率/Hz 攻击类型	0	(0,10]	(10,20]	(20,40]	(40,60]	(60,80]	(80,100]
TCP	92.42%	0.68%	0.48%	0.68%	2.73%	1.05%	1.96%
FDoS	99.995%	0.0005%	0.0005%	0.001%	0.001%	0.001%	0.001%
LDoS	41.31%	46.60%	10.20%	1.55%	0.24%	0.07%	0.03%

从表 1-1 可以看出，正常 TCP 流和 FDoS 流 90%以上的能量都集中在 0Hz 处，也就是说，正常 TCP 流与 FDoS 都有一个比较稳定的直流分量，波动性不强。而对 LDoS 来说，波动性就比较明显，85%左右的能量都集中在(0,10]Hz 范围内。

1.3.3 防火墙敏感度的比较

为了验证 LDoS 攻击的隐蔽性，采用通用的防火墙和专用于防御 DoS 攻击的防火墙对 LDoS 攻击进行检测。为了避免不必要的误会和争议，将参与实验的防火墙的具体名称和厂家隐去，以数字标号表示具体型号的防火墙。通用防火墙与 DoS 专用防火墙各选用三款。其中，通用防火墙使用对象为个人计算机（PC），DoS 专用防火墙使用对象为服务器。

在链路瓶颈为 10Mbit/s 的情况下，实验结果如表 1-2 所示。

表 1-2　防火墙测试结果

类别	名称	使用对象	UDP 流默认规则/（个/s）	攻击参数设置		是否能检测	
				脉冲宽度/ms	脉冲幅度/（Mbit/s）	FDoS	LDoS
通用防火墙	I	PC	无	200	3.3	是	否
	II	PC	无	300	10	是	否
	III	PC	无	300	10	是	否
DoS专用防火墙	I	服务器	2000	200	3.3	是	否
	II	服务器	10000	300	10	是	否
	III	服务器	8000	300	10	是	否

实验结果表明以下几点。

（1）对于传统的 FDoS 攻击，不论通用防火墙还是 DoS 专用防火墙均能对其进行正确检测。

（2）对于 LDoS 攻击，在脉冲宽度为 200ms 或 300ms，及单个脉冲幅度为 3.3Mbit/s 或 10Mbit/s 的情况下，通用防火墙 I、II、III均不能对其进行检测。

（3）在同样的测试条件下，三款 DoS 专用防火墙 I、II、III同样不能检测出 LDoS 攻击。

分析上述原因，是因为现有的防火墙对于 DoS 的检测一般都是按照规则进行判定，当单位时间内包数量超过一定的门限时就认为发生了 DoS 攻击。但是 LDoS 攻击具有低速率特性，单位时间内包数量很少，因此，它能逃过现有防火墙的检测。此实验结果证明了 LDoS 攻击的隐蔽性，很难被现有检测手段发现，同时也说明了 LDoS 攻击检测研究的重要性。

1.4　本章小结

本章首先对 LDoS 攻击原理和数学模型进行了详细分析。然后针对 TCP 拥塞控制和路由器主动队列管理机制，分别阐述了 LDoS 攻击的实施方案。最后通过理论分析和仿真实验对比了 LDoS 攻击流与正常 TCP 流以及 FDoS 攻击流在时频域的不同，并以当前主流的通用和 DoS 专业防火墙作为测试工具，验证了 LDoS 攻击能够逃避现有检测手段的特性。

第 2 章　低速率拒绝服务攻击性能评估

LDoS 与 FDoS 攻击是两类不同的 DoS 攻击，虽然 LDoS 攻击产生的平均攻击流量较小，但其改进了传统的 DoS 攻击方式，使得攻击具有隐蔽性，更加有的放矢，攻击效率有了大幅度提高。为了验证 LDoS 攻击的性能，分别针对以被攻击目标的吞吐量（throughput）、Web 服务性能和 FTP 服务性能为评估对象展开相关的测试[7]。LDoS 攻击性能评估采用以下两种方式[7]。

（1）在网络仿真 NS-2 环境中模拟 LDoS 攻击的情景，在目标端测试得到模拟仿真的结果。

（2）在实际网络环境中搭建测试平台进行 LDoS 攻击测试实验，得到实测的攻击效果。

针对两个实验得到的结果进行比较分析。

2.1　NS-2 仿真环境下的 LDoS 攻击性能

LDoS 攻击是通过在系统中制造虚假的拥塞信号，达到降低服务质量的目的。LDoS 攻击发生时，不论单个 TCP 源端还是中间链路都会采取拥塞控制机制，即根据拥塞情况自适应地调整发送速率。端系统和链路的自适应机制是一个循环反馈的控制过程，两者是互相影响、互相制约的，任何一方受到攻击都会影响另一方的稳定性[69, 70]。对 LDoS 攻击性能的评估也可以从这两方面进行。

2.1.1　对端系统攻击性能

通过 NS-2 网络模拟器来模拟分析 LDoS 攻击的攻击性能，搭建的模拟网络拓扑结构如图 2-1 所示[7]。

在图 2-1 所示的网络环境中，节点 0 为路由器 R1，节点 1 为路由器 R2，节点 2 为一个正常的 TCP 发送端，节点 3 为 LDoS 攻击源，节点 4 为一个 TCP 接收端。

实验采用 TCP Reno 协议，最小 RTO 为 1s，测试时间为 23s。链路瓶颈和延时的设置如表 2-1 所示。

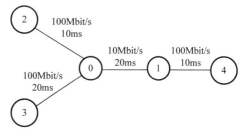

图 2-1　网络拓扑结构

表 2-1　链路瓶颈和延时

节点	链路瓶颈/(Mbit/s)	延时/ms	节点	链路瓶颈/(Mbit/s)	延时/ms
(0, 1)	10	20	(3, 0)	100	20
(2, 0)	100	10	(1, 4)	100	10

1）单个 TCP 源端的流量

在节点 1 处采样得到的网络流量如图 2-2 和图 2-3 所示。

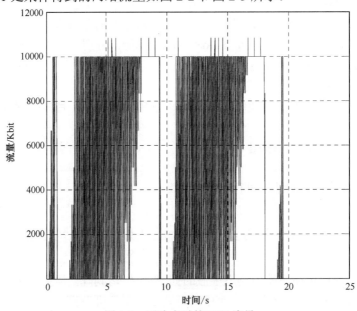

图 2-2　无攻击时的 TCP 流量

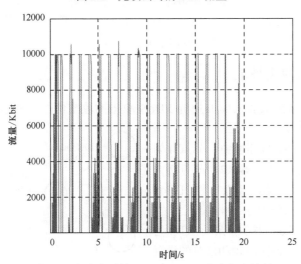

图 2-3　有攻击时的 TCP 和 LDoS 攻击混合流量

　　在图 2-2 和图 2-3 中，横坐标表示时间，单位为秒；纵坐标表示 TCP 的传输流量，单位为 Kbit，采样间隔为 10ms。

　　比较图 2-2 和图 2-3 可以明显地看出，无攻击时的正常 TCP 流量相对平滑且传输速率较高，而在 LDoS 攻击下，TCP 流量的传输速率大大降低且极不稳定。

　　2）单个 TCP 源端丢包率

　　路由器自适应系统在网络发生拥塞时通过调整队列主动丢包概率来控制队列平均长度。而 LDoS 攻击使队列抖动明显，使主动队列管理的主动丢包概率维持较大的值，大量合法 TCP 包被丢弃。以节点 2 为例，它的丢包情况如表 2-2 所示。

表 2-2　单个 TCP 源端丢包率

检测条件	发包数	丢包数	丢包率/%
无攻击	12656	19	0.15
有攻击	928	49	5.28

　　从表 2-2 可以看出，LDoS 攻击存在时，节点 2 发送的包个数减少了 92.7%。没有 LDoS 攻击存在时节点 2 的丢包率为 0.15%，攻击存在时丢包率为 5.28%，是无攻击时丢包率的约 35 倍，可见 LDoS 攻击会使节点大量丢包。

　　3）Cwnd 的变化

　　由于当 LDoS 攻击发生时，TCP 发送端的 Cwnd 明显减小。正常 TCP 流量的 Cwnd 大小遵循 TCP 拥塞控制机制的超时重传机制，如图 2-4 所示。而 LDoS 攻击使 TCP 发送端的 Cwnd 值一直较小，如图 2-5 所示[8]。

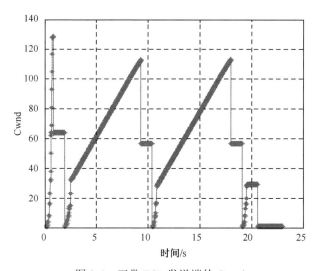

图 2-4　正常 TCP 发送端的 Cwnd

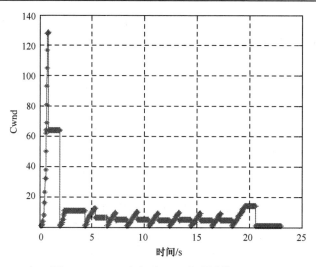

图 2-5　LDoS 攻击下 TCP 发送端的 Cwnd

2.1.2　针对链路攻击性能

针对链路攻击性能的研究主要有两方面：路由器队列抖动和链路的总吞吐量[8]。

1）路由器队列抖动

LDoS 攻击除了在 TCP 发送端抑制了网络流量传输速率外，在路由器处能使路由器队列长度始终无法稳定，严重影响网络传输速率和路由器性能。图 2-6 和图 2-7 分别给出了无攻击时和攻击存在时队列抖动的不同情况[8]。

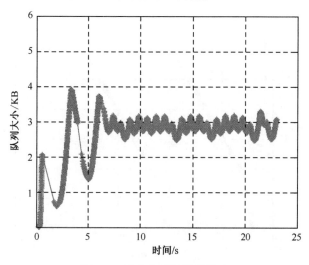

图 2-6　无攻击时的队列抖动

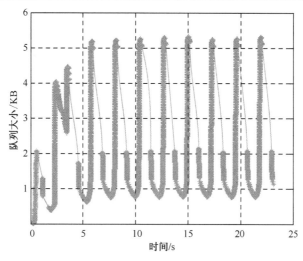

图 2-7　攻击存在时的队列抖动

图 2-6 和图 2-7 显示了路由器平均队列长度随时间的变化，其中无攻击时，队列平均大小很快归于稳定，说明路由器自适应系统收敛于一个高效率工作点，而在 LDoS 攻击下，队列平均大小抖动明显，说明系统交替地处于过载和欠载状态，无法稳定于一个高效的工作点。

2）链路的总吞吐量

在 NS-2 环境下搭建的仿真平台如图 2-8 所示[7]。图中的节点 0、节点 2 和节点 4 表示正常 TCP 流（FTP 数据）；节点 1 和节点 3 表示攻击 UDP 流；节点 5 为路由器；节点 6 为目标主机。

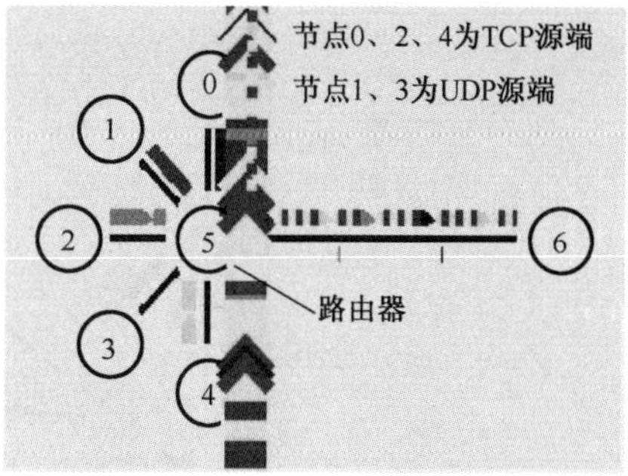

在节点 1 和节点 3 上模拟攻击 UDP 的流量，每个节点的流量记为 udp1 或 udp3；在节点 0、节点 2 和节点 4 发送正常的 TCP 流量（FTP 数据），每个节点的流量记为 tcp0、tcp2、tcp4；在节点 6 测试 TCP 流的吞吐量。在图 2-8 中，贯穿节点 0、节点 4 和节点 5 的队列是模拟的网络流量；而从节点 5 到节点 6 的队列是在 LDoS 攻击下，能够到达节点 6 的流量。

图 2-8　NS-2 仿真拓扑图

在没有 LDoS 攻击的情况下，正常的 TCP 流量如图 2-9 所示[7]，图中，横轴表示时间，单位是秒，图中选取了前 10s 的包过程；纵轴表示当前时刻之前发送的数据包的总数，是累积值。

从图 2-9 可以看出，没有 LDoS 攻击的时候，正常 TCP 包过程基本是呈线性增长的。在流量达到一定的数量后趋于平缓。由仿真结果可以计算得出，在第 10s 时总共发送了 1200 个数据包，每个数据包的大小是 1000B。因此，TCP 的平均流量是 1200×1000×8/10=

0.96（Mbit/s）；3 条正常数据流 tcp0、tcp2 和 tcp4 的总流量是 2.88Mbit/s，约等于瓶颈链路（节点 5 到节点 6 之间的带宽）最大的吞吐量 3Mbit/s。与图 2-9 的仿真结果基本一致，说明模拟的数据与实际的带宽设计十分接近，具有真实性。

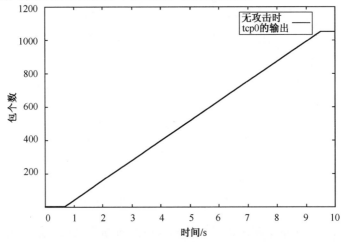

图 2-9　没有 LDoS 攻击时正常包个数随时间的变化关系

　　加入 LDoS 攻击后，正常的 TCP 流量和节点 0、节点 2、节点 4 的流量随时间的变化关系如图 2-10 所示[7]。

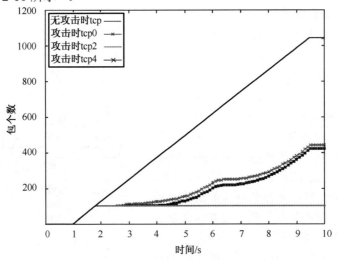

图 2-10　有 LDoS 攻击时正常包个数随时间的变化关系

　　从图 2-10 可以得出，发起 LDoS 攻击后，在第 10s 统计计算每个节点 TCP 的流量得到：节点 0、节点 2、节点 4 分别发送了 450、110、420 个数据包，平均流量分别为 0.35Mbit/s、0.088Mbit/s、0.336Mbit/s。仿真表明：经过 LDoS 攻击后，3 个 TCP 正常流量分别下降了 63.55%、90.8%、67.7%。

2.2　真实网络环境下的 LDoS 攻击性能

与 NS-2 的仿真环境相比，真实网络环境更加复杂。真实网络环境中，上层协议的使用以及用户的行为都更加多样化。以常用的 HTTP 和 FTP 应用为测试对象，因为这两者在传输层都使用了 TCP，所以理论上会受到 LDoS 攻击的影响。

实验中，设定两种被攻击目标[7]：Web 服务器和 FTP 服务器。为了验证仿真 LDoS 的攻击性能，在实际网络环境中搭建了测试平台针对 Web 和 FTP 服务器进行测试。

2.2.1　针对 Web 服务的攻击性能测试

针对 Web 服务攻击性能测试的测试内容包括两部分：网页响应时间测试和 Web 服务器的吞吐量测试。

1. 网页响应时间测试

在 LDoS 攻击下，针对 Web 服务器的网页响应时间测试网络拓扑结构如图 2-11 所示[7]。

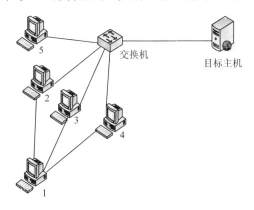

图 2-11　LDoS 攻击下测试 Web 服务器的网络拓扑结构

图 2-11 中的目标主机是一个 Web 服务器，发起攻击的机器与正常流量的机器通过网络交换机连接到目标主机。测试平台中每台机器的配置和承担任务情况如表 2-3 所示[7]。

表 2-3　测试环境机器配置

机器号	IP 地址	角色	操作系统	安装软件
1	10.0.20.140	控制台	Fedora Core 4	LDoSControl
2	10.0.20.150	zombie	RedHat 9.0	LDoSAttack
3	10.0.20.160	zombie	RedHat 9.0	LDoSAttack
4	10.0.20.170	zombie	RedHat 9.0	LDoSAttack
5	10.0.20.180	正常主机	Windows XP	LoadRunner
Web 服务器	10.1.20.100	目标主机	Fedora Core 4	Apache

其中，LDoSControl 是在 Linux 环境下开发的 LDoS 攻击控制工具，安装在 1 号控制主机上，其功能如下。

（1）可以对 LDoS 攻击参数（如脉冲宽度、脉冲周期和 RTO 等）进行配置[60]。

（2）选择攻击目标和选定攻击持续时间等。

LDoSAttack 是在 Linux 环境下开发的 LDoS 攻击流量产生工具，植入傀儡机 zombie 中，可以按需产生 LDoS 攻击流量。

LoadRunner 是一种性能测试标准工具，用来模拟网络的正常服务。它可以模拟 HTTP、SMTP 和 FTP 等绝大多数正常服务，并且具有详细直观的统计功能。本节实验中用 LoadRunner 模拟 HTTP 流量。

测试的具体步骤如下。

1）攻击目标信息收集

采用 Nmap 对攻击目标 10.1.20.100 的端口进行扫描，收集相关信息。扫描发现其开放的端口为 7775，于是将端口 7775 选定为攻击端口。

2）攻击幅度的确定

采用 NetIQ 公司开发的专用软件 IxChariot 来测试被攻击目标的最大吞吐量，以确定每个攻击 zombie 机器发送攻击流量的大小。在正常机器 5 上运行 IxChariot，测试后得到的吞吐量如图 2-12 所示[7]，其平均吞吐量约为 12.000MB/s（约 100Mbit/s）。

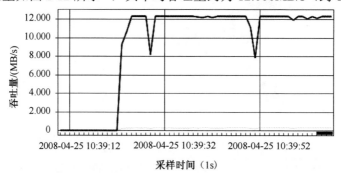

图 2-12　无攻击情况下的正常吞吐量

由于采用 3 台 zombie 机器进行攻击，所以设定每个 zombie 的攻击幅度为 40Mbit/s。LDoS 攻击的具体参数如下。

（1）脉冲幅值为 40Mbit/s。

（2）脉冲持续时间为 100ms。

（3）脉冲周期为 1.1s。

生成攻击流的命令如下。

```
mk_dos_trace.out 0 0 10 100 1100 50 file_name.txt
cd /usr/site/bin
```

```matlab
a = load('file_name.txt')
```

其中，file_name.txt 从第三步得到。

通过 e. pswrite('test_file.bin',a)得到包含攻击流参数的二进制文件 test_file.bin。

这里，控制台 LDoSControl 完成如下工作。

（1）扫描目标网络，生成 ip.txt 文件，包含所有用于攻击的 zombie 的 IP。

（2）给 zombie 上传包含攻击参数的 bin 文件，并且通知 zombie 要攻击的目标 IP 和端口。

（3）发起攻击指令，设定 zombie 的攻击时间。

安装在 zombie 中的低速率攻击流量产生工具 LDoSAttack 完成如下工作。

（1）接收控制端发送的包含攻击参数的 bin 文件。

（2）接收攻击指令，精确设定攻击时刻。

（3）按照 bin 文件产生相应的脉冲攻击。

3）正常流量的产生

测试中，采用 LoadRunner 软件模拟 10 个用户访问"中国民航大学"的网页，从而产生正常流量，如图 2-13 所示[7]。网页大小为 52KB，试验的目的就是测试在有攻击的情况下访问网页时刷新时间的变化。

图 2-13　测试网页

测试方法：在没有攻击流量时测试网页的刷新时间；在特定的时间滞后加入攻击流量，再测试网页的刷新时间。

在本节的试验中，开始时间没有加入攻击流量，只有正常的 HTTP 流量。大约在 6:30 分钟时发起 LDoS 攻击，攻击的持续时间约为 3.5min，于 10:00 分钟结束 LDoS 攻击。

从流量（图 2-14）可以看出[7]：在 6:30～10:00 分钟，正常的 HTTP 流量明显下降。记录表明：在 0:00～6:30 分钟，吞吐量约为 225000B/s；在 7:00～9:30 分钟，吞吐量下降到 80000B/s 左右，最低点下降至约 10000B/s。整体吞吐量下降了约 64.4%。攻击结束后，吞吐量恢复到 220000B/s。

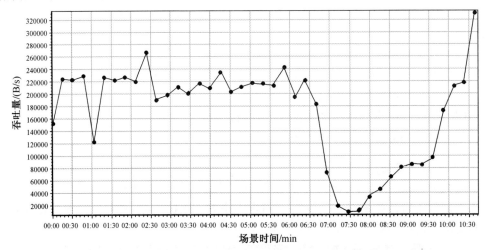

图 2-14　测试流量吞吐量

从读取页面的响应时间来看（图 2-15）[7]：0:00～6:30 分钟读取页面的响应时间平均大约为 1.6s；7:00～9:30 分钟读取页面的响应时间则从 3.2s 变化到 23.8s；在 10:00 分钟时刻，当 LDoS 攻击停止后，读取页面的响应时间从 8:30 分钟的 4.2s 逐渐恢复到平均约 1.6s。

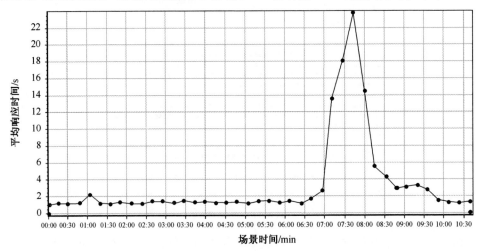

图 2-15　读取页面响应时间

从上面的数据可以看出，发起攻击后吞吐量平均下降到只有原来的 21.33%；读取页面的响应时间平均上升了 15.9s。结果证明，LDoS 攻击对正常的网页应用产生了较大的影响。

2. Web 服务器的吞吐量测试

为测试 LDoS 攻击对吞吐量的影响，实验环境拓扑结构设计如图 2-16 所示[7]。

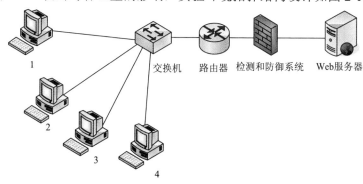

图 2-16　LDoS 攻击测试环境

其中，4 台主机中 1、2 用作合法用户对 Web 服务器进行访问；3、4 用来发起 LDoS 攻击。

Web 服务器和防御系统配置为 CPU P4 2.4GHz，内存 512MB，操作系统为 Fedora Core 4。其余主机配置相同，均为 CPU Celeron 2.4GHz，内存 256MB，操作系统为 Windows XP SP2。其中，Web 服务器采用 Linux 下的 Apache，攻击测试软件为 LDoSAttack。

机器 3、4 为攻击机器，运行 LDoS 程序，分别产生脉宽 300ms、幅度为 5MB/s、周期为 1s 的周期性脉冲。其中，图 2-17 为没有发起攻击时机器 1 和 2 同服务器之间的吞吐量[7]；图 2-18 为发起攻击后机器 1 和 2 同服务器之间的吞吐量[7]。

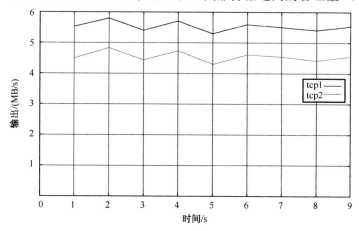

图 2-17　未发起攻击时正常流量图

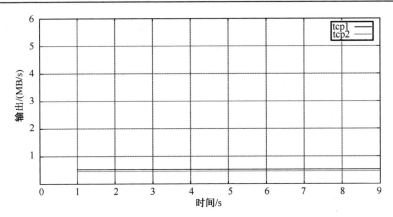

图 2-18　发起攻击后正常流量图

对比图 2-17 和图 2-18 可以看出，当发起攻击后正常流量受到了很大影响，下降到 1MB/s 以下。

2.2.2　针对 FTP 服务的攻击性能测试

为了测试 LDoS 攻击对 FTP 服务器吞吐量的影响，建立了测试网络拓扑结构，如图 2-19 所示[7]。

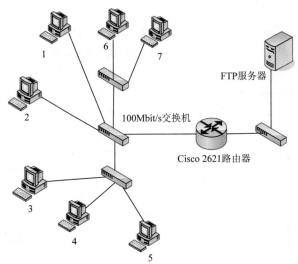

图 2-19　FTP 服务器测试网络拓扑结构

测试系统中的机器配置情况如表 2-4 所示[7]。

所有攻击主机硬件配置：CPU 1.7GHz，内存 256MB。客户端（机器 6 和 7）操作正常主机：CPU 1.7GHz，内存 256MB。FTP 服务器：CPU 2.4GHz，内存 256MB。交换机为 BE2088 以太网百兆交换机；路由器为 Cisco 2621。

表 2-4　测试环境机器配置

机器号	IP 地址	角色	操作系统	安装软件
1	192.168.10.21	zombie	RedHat 9.0	LDoSAttack
2	192.168.10.22	zombie	RedHat 9.0	LDoSAttack
3	192.168.10.26	zombie	RedHat 9.0	LDoSAttack
4	192.168.10.45	zombie	RedHat 9.0	LDoSAttack
5	192.168.10.40	zombie	RedHat 9.0	LDoSAttack
6	192.168.10.16	正常	Windows 2000	CutFTP
7	192.168.10.17	正常	Windows 2000	CutFTP
FTP 服务器	192.168.20.8	目标主机	Windows 2000	FTP

攻击流量由 5 台攻击机器产生，每台攻击机器发送脉宽 200ms、幅度为 3MB/s、周期为 1s 的 UDP 脉冲流作为 LDoS 攻击的流量；正常流量则是一个用户通过 FTP 客户端进行下载，下载文件大小为 1.27GB。

正常 FTP 下载时（无 LDoS 攻击）的下载和上传流量如图 2-20 所示[7]。从图中可以看出，下载和上传的流量比较平稳，没有明显的起伏变化。

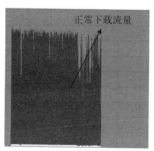

(a) 正常下载流量　　　　　　　　(b) 正常上传流量

图 2-20　无 LDoS 攻击时的 FTP 客户端流量

在 FTP 下载和上传的过程中加入 LDoS 攻击，FTP 客户端流量如图 2-21 所示[7]。

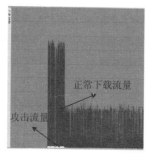
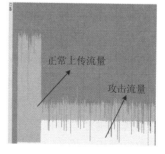

(a) 下载流量　　　　　　　　(b) 上传流量

图 2-21　中途加入 LDoS 攻击后的 FTP 客户端流量

从图 2-21 可以看出，在开始阶段没有 LDoS 攻击，下载流量较高。当加入攻击后，下载流量明显下降；而上传流量中，浅灰色代表 FTP 服务端上传的正常流量，灰白色代表 UDP 攻击流量。当 LDoS 攻击发起后，上传流量明显下降。

采用 1 个用户通过 FTP 客户端下载大小为 1.27GB 的文件，反复实验数次，选取其中 20 次典型实验数据中的 10 组，如表 2-5 所示[7]。

表 2-5　FTP 测试数据

实验次数	客户端正常流量/（MB/s）	加入攻击后客户端流量/（MB/s）	下降流量百分比/%
1	5.36	2.65	50.60
2	5.45	2.63	51.70
3	5.62	2.55	54.60
4	5.39	2.69	54.60
5	5.42	2.78	48.70
6	5.45	2.95	45.90
7	5.52	2.45	55.60
8	5.52	2.37	57.60
9	5.49	2.39	56.50
10	5.51	2.85	48.30

上述实验数据统计表明：在没有 LDoS 攻击时，客户端正常平均下载流量是 5.473MB/s；加入 LDoS 攻击后，平均下载流量是 2.63MB/s。平均下降流量百分比是 51.9%，与仿真得到的结果（图 2-21）基本相符。

通过分析上述实验结果可以得出，LDoS 攻击是一种周期性的脉冲式攻击，攻击脉冲的持续时间很短，它具有以下特征。

（1）LDoS 攻击只是在较短时间拥塞链路，可以使用较小的流量达到相近的攻击目的，这意味着黑客不需要控制大量傀儡机就可以发动攻击，更容易达到攻击目的。

（2）LDoS 攻击可以采用多种形式，可以使用单台主机发动，也可以采用多台主机联合发动攻击。多台主机发动的攻击可以使得每台攻击主机的攻击流量进一步减少，更容易逃避检测。

（3）LDoS 攻击只需要造成链路拥塞就可以达到攻击目的，因此它可以使用任何流量，包括 TCP 流。攻击流隐藏在正常 TCP 流中更难被过滤，同时流量的目的地址也可以有所变化。根据 LDoS 攻击的行为特征，将其形象地比喻为"沙粒"（sand）攻击。这是因为 LDoS 攻击的数据包（packet）集中在周期性的脉冲中，每个脉冲相当于一个漏斗，而攻击数据包就是"沙粒"。在发起攻击时，满载"沙粒"的周期脉冲在到达目标后，将"沙粒"漏出，堆积在目标带宽中，造成阻塞。这个过程就好像河流中混合的沙子经过一段时间的堆积，将河床垫高，造成河水流动缓慢的道理一样。

将 LDoS 与 FDoS 攻击进行比较，从攻击效果的角度来说，FDoS 攻击可以比喻为

"重拳"，霸道和蛮力，是力量与任性的化身；而 LDoS 攻击则可以比喻为"太极"，四两拨千斤，集柔和与智慧于一体。

2.3　本 章 小 结

本章对 LDoS 攻击的性能进行了评估。在 NS-2 环境下测试 LDoS 攻击对链路吞吐量、拥塞窗口、丢包率和路由器队列的影响，LDoS 攻击导致吞吐量下降，端系统拥塞窗口减小，丢包率增大，路由器队列抖动加剧。在真实的网络环境下，针对具体的 TCP 应用、HTTP 和 FTP 进行了测试，LDoS 攻击导致 Web 服务器响应时间延长，FTP 下载速率减慢。这些现象都证明 LDoS 攻击是一种有效的攻击方式，同时能隐藏在正常流量中，体现了其低速率特性。

第 3 章　LDDoS 攻击的时间同步和流量汇聚

　　分布式低速率拒绝服务（low-rate distributed denial of service，LDDoS）攻击由大量 LDoS 攻击组成[37, 71]。因为 LDDoS 攻击的流量与正常流量极为相似，通常拥有很强的隐藏流量的能力，所以能够躲避基于异常的检测。较大的 LDDoS 攻击脉冲通常由许多有序的攻击者发送的小脉冲组成，这些小脉冲隐藏在正常流量中。所有的分布式小脉冲通过不同的传输通道在特定的位置和精确的时间组成 LDDoS 攻击脉冲。也就是说，所有攻击流量可以同时发挥作用，形成时间同步（time synchronization）和流量汇聚（flow aggregation）的 LDDoS 攻击，具有更大的破坏性。因此，LDDoS 攻击的时间同步和流量汇聚机制对增强 LDDoS 攻击性能很有帮助。本章采用信号互相关算法来实现 LDoS 攻击流量汇聚，保证每个分布式攻击脉冲在受害者端聚合并准确地同步，以形成一个强大的脉冲。模拟结果显示，用信号互相关算法调整攻击脉冲的 LDDoS 攻击效果显著增强。

3.1　LDDoS 攻击流量汇聚模型

　　LDDoS 攻击首先将攻击脉冲分割成较小的攻击脉冲，然后由各攻击端发送这种较小的脉冲，最后在攻击目标处重新汇聚成攻击脉冲[37, 71]。

　　假设，攻击目标处的吞吐能力为 R，使用 n 个攻击端实施 LDDoS 攻击，设定的攻击周期为 T。各个攻击端同步发送峰值为 R/n、周期为 T 的攻击脉冲，则 LDDoS 的攻击脉冲可以用以下两种分割方式产生[26, 72, 73]。

　　（1）脉冲幅度减半、攻击周期不变形式的 LDDoS 攻击。针对 n 个攻击脉冲的周期保持不变，而攻击脉冲幅度减半的情况，在攻击目标处，最终叠加形成峰值为 R、周期为 T 的攻击脉冲，如图 3-1 所示[74, 75]。

　　（2）脉冲幅度不变、攻击周期加倍形式的 LDDoS 攻击。针对攻击脉冲幅度不变、攻击周期加倍的情况，各个攻击端按照时间序列为 $0, T, 2T, 3T, \cdots, (n-1)T$ 依次发送峰值为 R、周期为 nT 的攻击脉冲到目标处，最终叠加形成峰值为 R、周期为 T 的攻击脉冲，如图 3-2 所示[74, 75]。

　　如图 3-1 和图 3-2 所示，每个攻击脉冲必须严格遵守时间序列才能形成理想的 LDDoS 攻击。然而每个攻击者都分布在不同的网络中，攻击者到目标间的距离不确定。因此，要确保每个攻击脉冲可以在经过不同网络传输后汇聚形成一个强攻击脉冲是一项非常困难的技术。如果每个攻击脉冲都不能同步和汇聚，则 LDDoS 攻击将会失去它们的攻击特性，攻击效果会被严重削弱。

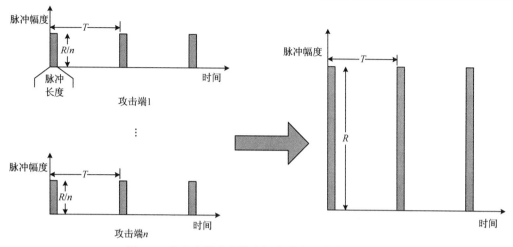

图 3-1   各攻击端攻击脉冲幅度减半、攻击周期不变

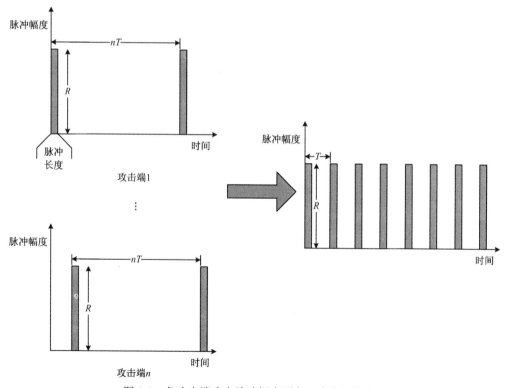

图 3-2   各攻击端攻击脉冲幅度不变、攻击周期加倍

图 3-1 和图 3-2 说明 LDDoS 攻击的时间同步和流量汇聚,参与攻击的每个脉冲需要遵循严格的时间关系,每个脉冲之间都密切相关。因此,互相关函数被看做实现时间同步和流量汇聚的关键技术。

3.2　互相关算法

互相关算法是弱信号检测中常用的方法，用于求解两个信号的相似程度。当两个信号出现互相关性时会产生峰值，而互相关性差的信号产生的峰值会大幅降低，信号的互相关函数对于分析两个信号之间的时间延迟关系非常有用[76, 77]。

对于两个不同的连续函数 $f_1(t)$ 和 $f_2(t)$，积分[37, 71]

$$\int_{-\infty}^{+\infty} f_1(t) f_2(t+\tau) \mathrm{d}t \tag{3-1}$$

称为两个函数 $f_1(t)$ 和 $f_2(t)$ 的互相关函数，用 $R_{12}(\tau)$ 表示。当 $f_1(t) = f_2(t) = f(t)$ 时，积分[37, 71]

$$\int_{-\infty}^{+\infty} f(t) f(t+\tau) \mathrm{d}t \tag{3-2}$$

称为 $f(t)$ 的自相关函数，用 $R(t)$ 表示。

离散信号的互相关函数定义式为[37, 71]

$$R_{12}(m) = \sum_{n=-\infty}^{\infty} f_1(n) f_2(n+m) \tag{3-3}$$

式中，$R_{12}(m)$ 表示在 m 时刻的值，等于 $f_1(n)$ 保持不变而 $f_2(n)$ 左移 m 个抽样周期后两个序列对应相乘再相加的结果。

同理，如果 $f_1(n) = f_2(n) = f(n)$，则互相关函数变为自相关函数[37, 71]，即

$$R(m) = \sum_{n=-\infty}^{\infty} f(n) f(n+m) \tag{3-4}$$

自相关函数反映了信号 $f(n)$ 和其自身在一段延迟后的 $f(n+m)$ 的相似程度。

对于功率信号，互相关函数表示为[37, 71]

$$R_{12}(m) = \lim_{N \to \infty} \frac{1}{2N+1} \sum_{n=-N}^{N} f_1(n) f_2(n+m) \tag{3-5}$$

自相关函数表示为[37, 71]

$$R(m) = \lim_{N \to \infty} \frac{1}{2N+1} \sum_{n=-N}^{N} f(n) f(n+m) \tag{3-6}$$

如果采集到信号 $f_1(n)$ 和 $f_2(n)$ 的点数为有限值，则互相关函数表示为[37, 71]

$$R_{12}(m) = \begin{cases} \dfrac{1}{N-m} \sum_{n=0}^{N-m-1} f_1(n) f_2(n+m), & m \geqslant 0 \\ R_{21}(-m), & m < 0 \end{cases} \tag{3-7}$$

如果 $f_1(t)$ 和 $f_2(t)$ 是周期性连续函数，且周期为 T，则有[37, 71]

$$R_{12}(\tau) = \frac{1}{T} \int_{-T/2}^{T/2} f_1(t) f_2(t+\tau) \mathrm{d}t \qquad (3\text{-}8)$$

互相关函数应用举例如图 3-3 所示。可以看出 $R_{xy}(t)$ 最大值处对应的横坐标正好是 $x(t)$ 和 $y(t)$ 两个相似信号之间的延迟，f_s 为采样频率。

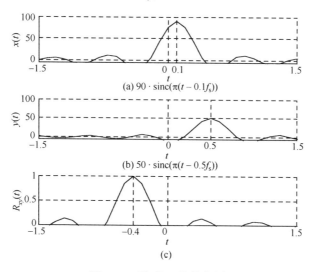

图 3-3 互相关函数的应用

互相关函数在工程实践中有很广泛的应用，例如，检测湮没在强背景噪声中的随机信号、测量两个信号之间的滞后时间和信号传递信道的确定等[78-81]。因此，本章利用互相关函数可以测量两个信号之间的滞后时间特性，并进行 LDoS 攻击的时间同步和流量汇聚的研究。

3.3 基于互相关算法的 LDDoS 攻击流量的同步与汇聚

采用互相关算法实现 LDDoS 攻击流量的同步与汇聚，必须掌握攻击脉冲在网络传输中的失真现象。

3.3.1 攻击脉冲在网络传输中的失真

LDDoS 攻击这种周期性的脉冲攻击要求攻击流量在短时间内达到峰值，并且能长时间保持固定周期。对于 LDDoS，由于各攻击流量要从分布于网络各处的傀儡机发出，而网络中不同部分的网络状态不同，不同时刻网络的状态也会发生变化，所以从傀儡机发出的周期为 T、脉冲幅度为 R、脉冲长度为 L 的攻击脉冲到达攻击目标时可能变为周期为 T'、脉冲幅度为 R'、脉冲长度为 L' 的脉冲，而各个攻击端的攻击流量在攻击目标处汇总后可能使总攻击脉冲变为周期为 T''、脉冲幅度为 R''、脉冲长度为 L'' 的脉冲，甚至攻击波形完全走样，丧失 LDDoS 的攻击特点，沦为一种攻击流量很小的 DDoS 攻击，这样完全达不到 LDDoS 攻击效果[37, 71]。因此，需要有一种方法调节各个攻击流量，使之能在目标处汇总后依然保持原来的周期、脉冲幅度和脉冲长度，攻击脉冲失真情况如图 3-4 所示。

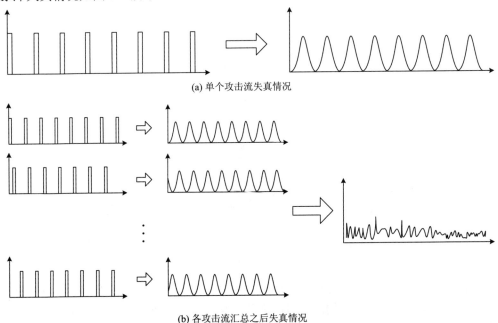

(a) 单个攻击流失真情况

(b) 各攻击流汇总之后失真情况

图 3-4　攻击脉冲失真示意图

从图 3-4(a)所示的情况可以看出规整的矩形攻击脉冲经过网络传输后，其波形可能变为锯齿波，但是其周期性和攻击流量主要集中在相对较小的时间段内的特点还没有消失。也就是说，它依然符合 LDoS 攻击波的特点，只是攻击强度有所减弱。由图 3-4(b)所示的情况可以看出，如果各个攻击流之间存在相位（时间）差，导致攻击流量不同步，那么在目标处的汇聚效果就会变得很差，不能形成有效的攻击脉冲。

造成攻击脉冲不能同步的原因很多，如各攻击端的延时有差别、各攻击端到攻击目标处的距离不同，以及各攻击端所处的网络环境发生变化等。

3.3.2　LDDoS 攻击时间同步与流量汇聚方法

互相关函数的一个很重要的应用就是估算两个信号之间的时延，对两个信号 $f_1(n)$ 和 $f_2(n)$ 求互相关，互相关峰值对应的时刻就是两个信号之间的时延[78-81]。各攻击流都是具有相同周期、相同脉冲幅度的脉冲波。以单位时间内攻击包的到达个数和时间的关系来描述攻击波形，用函数 $A(t)$ 表示[37, 71]

$$A(t) = \begin{cases} p, & kT \leqslant t < kT + l, k = 0, 1, 2, \cdots \\ 0, & \text{其他} \end{cases} \qquad (3\text{-}9)$$

式中，T 表示攻击周期；l 表示攻击脉冲的持续时间，即脉冲长度。

在攻击目标处提取各攻击波形，对它们进行互相关运算，找出它们之间存在的时延，并以此作为在攻击端调整攻击流的依据，调整攻击流发送的时间，使它们能同步发出攻击流量，最后在攻击目标处得到更好的流量汇聚效果。

首先建立一个由攻击者控制的攻击网络，如图 3-5 所示。图中所示的攻击拓扑图与实施 DDoS 攻击所建立的网络类似。网络建立好之后，攻击端必须向攻击者报告自己系统的性能以及所处网络的信息，以供攻击者参考，使攻击者了解与各攻击端之间网络的状况（攻击者与各攻击端之间的 RTT 作为考量网络性能的参数）。各攻击端探测与攻击目标之间（路由器 A）的网络状态（这里依然用 RTT 作为参数），并将探测到的情况报告给攻击者。最后在瓶颈链路处建立监视点，这里可以设在路由器 B 处监测各攻击流量，并将检测到的情况报告给攻击者，攻击者根据监测点报告的信息对各攻击流量进行互相关计算，得到各攻击流量之间的相位差，计算出时延，然后调整各攻击端发动攻击的时间。

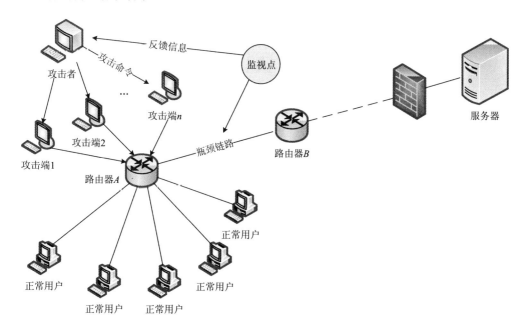

图 3-5　基于互相关的 LDDoS 攻击拓扑图

攻击流程如图 3-6 所示[37, 71]。假设攻击者与攻击端之间的 RTT 分别为 $r_1, r_2, \cdots, r_n$，各攻击端到路由器 A 的 RTT 分别为 $r_1', r_2', \cdots, r_n'$。目的是在路由器 A 处汇聚成周期为 T、脉冲幅度为 C、脉冲持续时间为 E 的攻击脉冲[37, 71]。

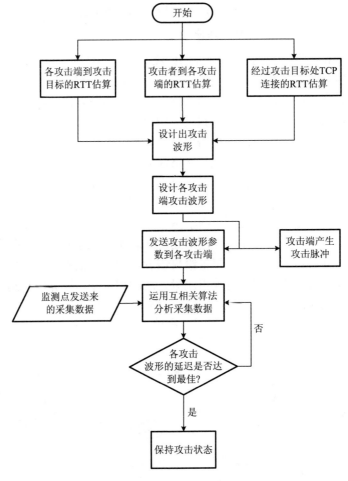

图 3-6　攻击流程图

（1）对于脉冲幅度减半、攻击周期不变的 LDDoS，首先根据 $r_1, r_2, \cdots, r_n$ 和 $r_1', r_2', \cdots, r_n'$ 适当地提前或延迟各攻击端发出攻击脉冲，尽量使攻击脉冲同步发出。然后监测点提取各攻击脉冲的情况并反馈给攻击者，以攻击端 1 发出的脉冲信号为基准，经互相关运算测得其他攻击脉冲与它的延迟分别为 $d_2, d_3, \cdots, d_n$，攻击者再发送命令使各攻击端（除攻击端 1 外）分别延迟 $d_2, d_3, \cdots, d_n$，如此循环地调节，直到 $d_2, d_3, \cdots, d_n$ 之间相差最小，说明汇聚效果达到最好。

（2）对于脉冲幅度不变、攻击周期加倍的 LDDoS，依然以攻击端 1 发出的攻击脉冲为基准，经互相关运算测得其他攻击脉冲与它的延迟分别为 $d_2', d_3', \cdots, d_n'$，攻击者发送命令使各攻击端（除攻击端 1 外）分别延迟 $T-d_2', 2T-d_3', \cdots, (n-1)T-d_n'$，如此不断调节，直到延迟接近序列 $T, 2T, \cdots, (n-1)T$。

攻击者也可以依次启动攻击端发动攻击，例如，先让一个攻击端发动攻击，再启动下一个攻击端，调节这两个攻击端达到最好的汇聚效果后，启动第三个攻击端发动攻击，这样只需要调节第三个攻击端的发送时机，使之与前两个已经调节好的攻击脉冲达到最好的汇聚效果，这样逐渐递增攻击端的个数最终汇聚成理想的攻击脉冲。

控制结构更加复杂的攻击网络如图 3-7 所示[37, 71]。

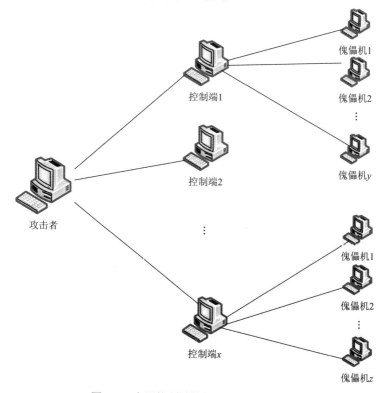

图 3-7　多层控制结构的 LDDoS 攻击网络

攻击者可以先使各控制端所控制的傀儡机用上述方式调整好攻击流，再将得到的最终汇聚效果反馈给攻击者，攻击者根据各控制端的反馈结果经过互相关运算得到它们之间攻击脉冲的延迟，然后发送命令告诉控制端应该调整的参数，控制端再通过它所控制的傀儡机最终修正攻击脉冲。

3.4　基于互相关算法的时间同步与流量汇聚攻击效果分析

为了验证互相关算法在 LDDoS 中的应用，进行实际测试并分析测试结果。测试是在 Linux 系统下使用 NS-2 模拟软件作为实验平台进行的。

3.4.1　基于互相关算法的时间同步与流量汇聚的仿真模型

在 NS-2 模拟平台下搭建实验环境，其网络拓扑结构如图 3-8 所示[37, 71]。

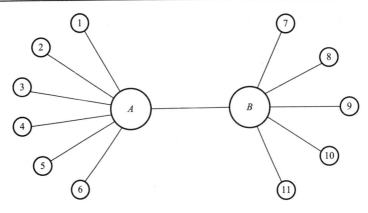

图 3-8　实验环境

其中，节点 1～节点 5 为正常用户；节点 6 为攻击端；节点 7～节点 11 为合法用户的接收端；节点 1～节点 6 到节点 A 的带宽都为 100Mbit/s，RTT 分别为 10ms、50ms、100ms、150ms、200ms、5ms；节点 A 与节点 B 的带宽为 20Mbit/s，RTT 均为 50ms，A 和 B 之间形成瓶颈链路；节点 B 到节点 7～节点 11 的带宽都为 100Mbit/s，RTT 分别为 10ms、50ms、100ms、150ms、200ms。

选定 T=1000ms，L=250ms，R=20Mbit/s 的攻击参数作为多源 LDDoS 攻击最终汇聚成的波形，接下来的实验使用 5 个攻击端产生攻击脉冲，在节点 B 处每隔 10ms 对经过它的攻击数据流进行采样，并使用互相关算法调整各攻击脉冲，使其最终达到最好的汇聚效果。

3.4.2　对于脉冲幅度减半、攻击周期不变形式的 LDDoS 攻击

根据希望汇聚成的波形参数，分割攻击脉冲后得出各攻击端发出的攻击脉冲参数为 T=1000ms，L=250ms，R=20Mbit/s/5=4Mbit/s。在图 3-8 所示的网络环境中，通过设定各攻击端到节点 A 的延迟，使它们不能同步发送攻击脉冲，从而影响最后的汇聚效果。在节点 B 采集各攻击脉冲的数据，并截取 20～23s 的波形，如图 3-9 所示[37, 71]。

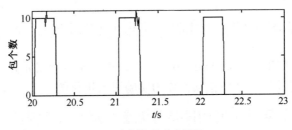

(a) 攻击端1的攻击波形

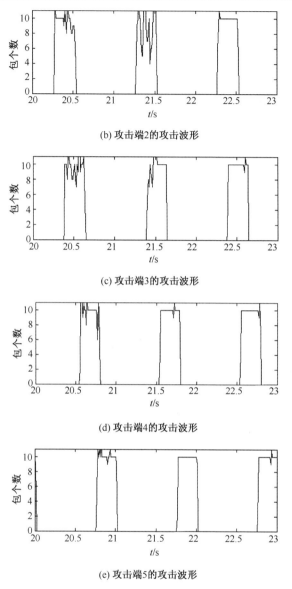

(b) 攻击端2的攻击波形

(c) 攻击端3的攻击波形

(d) 攻击端4的攻击波形

(e) 攻击端5的攻击波形

图 3-9　各攻击端攻击波形对比

　　这里用单位时间内数据包到达的个数来描述各攻击脉冲，从图 3-9 中可以明显地看出各攻击脉冲之间存在相位差，汇聚后的攻击脉冲波形如图 3-10 所示[37, 71]。

　　以攻击端 1 的波形为基准，利用互相关算法计算其余四个攻击波形与它的延迟。计算结果如图 3-11 所示，这里对互相关结果进行了归一化[37, 71]。

　　延迟的设定值与互相关计算值的比较如表 3-1 所示[37, 71]。

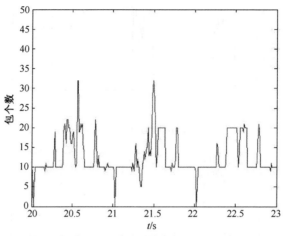

图 3-10　不同步时攻击脉冲的汇聚效果

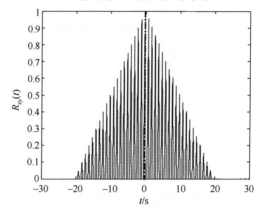

(a) 互相关计算结果示意图

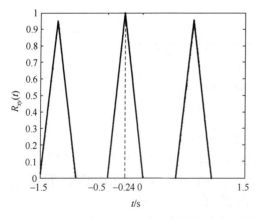

(b) 攻击脉冲1与攻击脉冲2的互相关结果

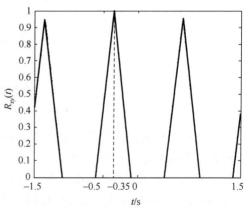

(c) 攻击脉冲1与攻击脉冲3的互相关结果

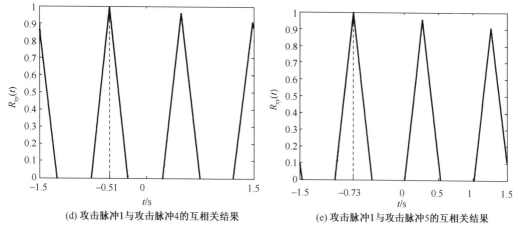

(d) 攻击脉冲1与攻击脉冲4的互相关结果　　　　(e) 攻击脉冲1与攻击脉冲5的互相关结果

图 3-11　互相关计算结果

表 3-1　延迟的设定值与互相关计算值

延迟	设定值/ms	计算值/ms
攻击脉冲 1 与攻击脉冲 2 的延迟	300	240
攻击脉冲 1 与攻击脉冲 3 的延迟	370	350
攻击脉冲 1 与攻击脉冲 4 的延迟	690	510
攻击脉冲 1 与攻击脉冲 5 的延迟	730	730

用互相关算法计算出的延迟调整各攻击端的攻击脉冲，即攻击端 2 提前 240ms 发动攻击，攻击端 3 提前 350ms 发动攻击，攻击端 4 提前 510ms 发动攻击，攻击端 5 提前 730ms 发动攻击。调整后可以看出，各攻击脉冲汇聚后的攻击波形（图 3-12[37, 71]）与图 3-10 相比攻击流量更加集中，周期性更加明显，峰值更加突出，说明通过互相关算法调整各攻击脉冲的发送时间后，流量汇聚程度明显得到提高。

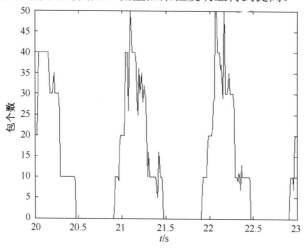

图 3-12　调整后的攻击脉冲汇聚效果

　　从攻击效果来看，采用互相关算法调整各攻击脉冲的发送时间，调整后的攻击脉冲虽然不能达到严格意义上的汇聚，但两者已经相当接近，而较调整前的攻击效果确实有了明显的提高，如图 3-13 所示[37, 71]。

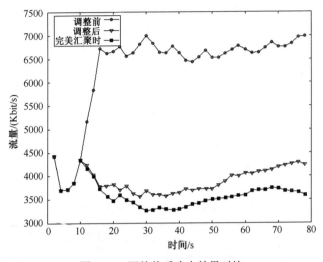

图 3-13　调整前后攻击效果对比

　　调整后再次采集攻击流量数据，用互相关算法测量各攻击脉冲之间的延迟，结果如表 3-2 所示[37, 71]。

表 3-2　互相关算法测量各攻击脉冲的延迟

延迟	调整后/ms	延迟	调整后/ms
攻击脉冲 1 与攻击脉冲 2 的延迟	60	攻击脉冲 1 与攻击脉冲 4 的延迟	200
攻击脉冲 1 与攻击脉冲 3 的延迟	10	攻击脉冲 1 与攻击脉冲 5 的延迟	5

　　由表 3-2 可以看出，攻击脉冲的确是按照互相关计算的结果进行了调整，攻击脉冲之间的时间差越来越小。经过几次调整后，攻击效果可以达到最佳。

3.4.3　对于脉冲幅度不变、攻击周期加倍形式的 LDDoS 攻击

　　对于使用 5 个攻击端实施的 LDDoS 攻击，分割攻击脉冲时各攻击端发出攻击脉冲的参数为 $T = 1000\text{ms} \times 5 = 5000\text{ms}$，$L = 250\text{ms}$，$R = 20\text{Mbit/s}$。并且各攻击脉冲要汇聚成理想的攻击脉冲，它们之间的时间差为 1s 时才能汇聚成 $T = 1000\text{ms}$，$L = 250\text{ms}$，$R = 20\text{Mbit/s}$ 的波形。

　　依然以攻击端 1 的波形为基准，在不同步的情况下，利用互相关算法计算其余四个攻击波形与它的延迟，结果如图 3-14 所示[37, 71]。

　　延迟的设定值与互相关计算值的比较如表 3-3 所示[37, 71]。

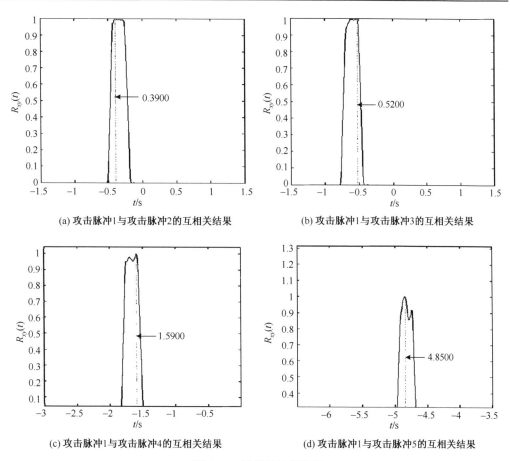

(a) 攻击脉冲1与攻击脉冲2的互相关结果

(b) 攻击脉冲1与攻击脉冲3的互相关结果

(c) 攻击脉冲1与攻击脉冲4的互相关结果

(d) 攻击脉冲1与攻击脉冲5的互相关结果

图 3-14　互相关计算结果

表 3-3　延迟的设定值与互相关计算值比较

延迟	设定值/ms	计算值/ms
攻击脉冲 1 与攻击脉冲 2 的延迟	300	390
攻击脉冲 1 与攻击脉冲 3 的延迟	700	520
攻击脉冲 1 与攻击脉冲 4 的延迟	1690	1590
攻击脉冲 1 与攻击脉冲 5 的延迟	4730	4850

用互相关算法计算出的延迟调整各攻击端的攻击脉冲,即攻击端 2 推迟 1000–390=610(ms)发动攻击,攻击端 3 推迟 2000–520=1480(ms)发动攻击,攻击端 4 推迟 3000–1590=1410(ms)发动攻击,攻击端 5 推迟 4000–4850= –850(ms)发动攻击(提前 850ms)。由图 3-15 可以看出[37,71],调整前各攻击脉冲汇聚后的波形比较零散,虽然可以很明显地看出波峰,但是周期性的特征不明显。从调整后的汇聚效果可以看出,在保证

峰值不减弱的情况下，周期特征得到了很大的加强，而且可以很清楚地看到周期大致为 1s。

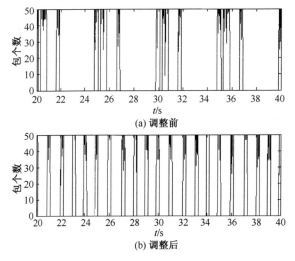

图 3-15   调整前后汇聚波形的变化

同样，运用互相关算法调整后，汇聚后的攻击脉冲更好，攻击效果也有提升，更加接近最佳攻击效果，如图 3-16 所示[37, 71]。

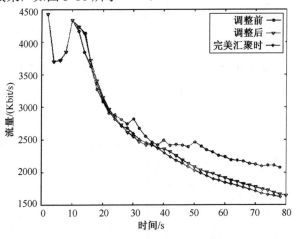

图 3-16   调整前后攻击效果对比

由前面的实验结果可以看出，通过互相关算法计算出各攻击脉冲之间的延迟，然后调整各攻击端发送攻击脉冲的时间，可以提高攻击流量同步与汇聚的程度，改善攻击效果。同时可以看出对于脉冲幅度减半、攻击周期不变形式的 LDDoS，达到最好的汇聚效果，其攻击强度不如脉冲幅度不变、攻击周期加倍形式的 LDDoS，并且通过图 3-13 与图 3-16 的对比可以发现，用互相关算法调整后攻击效果比后者改善的幅度更大。

3.5 本章小结

本章通过对 LDDoS 攻击的时间同步和流量汇聚的研究得出以下结论。

（1）对于脉冲幅度减半、攻击周期不变形式的 LDDoS，需要各个攻击脉冲很好地汇聚之后才能形成足以阻塞链路的攻击脉冲。反之，如果汇聚效果不好，则单个攻击脉冲由于脉冲幅度 R 很小而不能有效地阻塞链路，多个攻击脉冲汇聚之后也只能形成一个低水平的 DDoS 攻击，因此这种形式的 LDDoS 对汇聚的要求较高。但是由于脉冲幅度小，攻击特征不明显，所以单个攻击脉冲更难检测。

（2）对于脉冲幅度不变、攻击周期加倍形式的 LDDoS，其单个攻击脉冲的脉冲幅度足以造成链路阻塞，因此即便是与其他攻击脉冲汇聚的效果不好，也会使链路进入不稳定状态，影响整个网络的吞吐量。但是这样的攻击由于其单个攻击脉冲周期较长，如果流量汇聚效果不好，则不能保证对方链路持续进入不稳定状态，因为前一个脉冲与后一个脉冲的时间间隔可能很长，受害者端往往有机会恢复到稳定状态。这种形式的 LDDoS 对汇聚的要求相对较低，虽然它延长了攻击周期，但脉冲幅度很明显，所以相对较容易检测。

第4章 LDoS 时频域特征及其检测方法

为了研究 LDoS 攻击的流量特征，本章结合信号处理的方法对 LDoS 攻击进行时域和频域分析。其中，幅度谱（amplitude sepctrum，AS）和功率谱（power spectrum，PS）分析部分的内容是对 Chen 等[43, 44]所提出的 LDoS 攻击在频域的特性进行验证。本章分别讨论时域和频域的 LDoS 攻击检测算法，并结合时域检测与频域检测各自的优点，采用混合域检测算法进一步提高了针对 LDoS 的检测精度，缩短了检测响应时间。

4.1 LDoS 攻击的时域特征

首先分析 LDoS 的时域特征。可以从两个不同的角度，即攻击包过程分析和攻击流量特征分析，来体现 LDoS 攻击的时域特征。

4.1.1 攻击包过程分析

通常通过一个随机过程来模拟包的到达 $\{X(t), t = n\Delta, n \in N\}$，其中，$\Delta$ 是一个恒定的时间间隔，N 是正整数，对于每一个 t，$X(t)$ 是一个随机变量。$X(t)$ 表示在 $(t - \Delta, t)$ 内一个路由器上到达的包的总和。这个随机过程被称为包过程（packet process）[43, 44]。包过程是一种用于网络流量分析非常有效的手段，不管 Internet 业务数据采用何种协议，这些数据传送必须经过 IP 数据包封装。

为进行攻击包过程分析，先搭建一个网络环境，用来产生真实的 LDoS 攻击，如图 4-1 所示。这里仍然以最简单的单源 LDoS 攻击为模型，这样分析比较容易。图中的两台路由器均为 Cisco 2621，路由器间的带宽为 10Mbit/s。

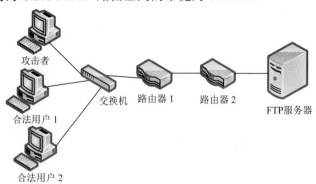

图 4-1　单源的 LDoS 攻击模型

其他各设备的配置及承担的角色如表 4-1 所示。其中服务器提供 FTP 服务（TCP连接）。LDoS 攻击流的速率为 10Mbit/s，正好可以拥塞路由器间的瓶颈链路。

表 4-1   实验设备配置

机器角色	IP 地址	操作系统
攻击者	192.168.20.23	RedHat 9.0
合法用户 1	192.168.20.24	Windows 2000
合法用户 2	192.168.20.25	Windows 2000
受害者端	192.168.40.8	RedHat 9.0

为体现 LDoS 攻击的时域特征，对受害者端的数据包进行采样和统计分析，可以把采样数据看成一个离散信号[43]。流量采集是利用 tcpstat 来实现的，tcpstat 是一个基于 libpcap 库的抓包工具，在网卡设置为混杂模式的情况下，tcpstat 能够以各种方式抓取以太网中的数据包。

（1）分析正常情况下的包过程流量特性，合法用户 1 和合法用户 2 下载服务器的FTP 资源，攻击者不进行攻击。在这种情况下，对到达服务器上一跳路由的正常流量进行抽样，抽样间隔为 1ms，抽样时间为 6s。使用的脚本如下：

```
#!/bin/sh
$ tcpstat 0.001 -s 6 -o "%n\n" >temp.txt
```

对此命令进行以下说明。

"-s"表示统计时间。

"-o"表示将数据输出。

"%n"表示以包个数的形式进行统计。

">"表示将"-o"的输出数据存入文件。

这样就得到 6000 个抽样数据，如图 4-2 所示。

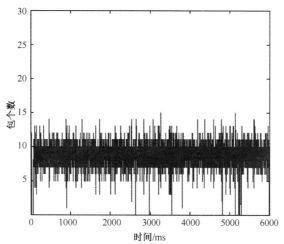

图 4-2   单源模型下正常流量包个数统计

图 4-2 中的横轴代表取样时间，以毫秒为单位，纵轴表示统计的数据包个数。由图 4-2 可以看出，在没有攻击的情况下，正常的流量在统计期内比较平稳。

（2）分析纯攻击情况下的流量，这时合法用户 1 和合法用户 2 暂停下载服务器的 FTP 资源，只让攻击者对服务器进行攻击。同样对到达受害端的流量以 1ms 为间隔进行统计，统计时间为 6s，统计结果如图 4-3 所示。

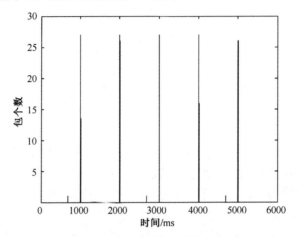

图 4-3　攻击流量的包个数统计

由图 4-3 可以看出，LDoS 攻击是高脉冲形式的一种攻击，同时具有周期特性，其攻击周期为 1s。经计算可得出，在这 6s 统计的数据包个数均值为 227.83 个/s，可以看出 LDoS 攻击的低速率特性。

（3）在合法用户 1 和合法用户 2 正常下载时，对服务器进行攻击，统计正常流和攻击流混合的情况下到达受害者端数据包的个数，如图 4-4 所示。

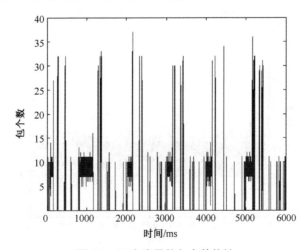

图 4-4　混合流量的包个数统计

由图 4-4 可以看出，在遭到 LDoS 攻击时，正常流量明显降低，在每个攻击周期仍有几个不规则的高速脉冲。在 LDoS 攻击的间歇期，服务器端只有少量数据包，也就是说，LDoS 并没有完全阻塞正常服务，而是使正常服务质量大幅度下降。

总之，LDoS 攻击表现出两个不同的重要特征：①LDoS 攻击流的最高速率将保持不变，而 TCP 流呈线性增长；②LDoS 攻击流在相对固定的时间周期到达目的地，而 TCP 流则是连续到达。因此，采用现有的通信量分析方法，周期性脉冲很难在时间域被检测出来。这是因为平均共享的带宽并不是非常大，在分布式的情况下，成倍的傀儡机发起的攻击会更进一步降低单个通信量的速率，这就导致检测更加困难。分布式攻击发起者可以通过降低最高速率或者延长攻击周期来降低平均通信量。所以在这种统计数据的模式下，用时间序列检测这类攻击是毫无效果的。但是，周期信号和非周期信号在频域呈现不同的特性，因此用信号处理技术很容易就能检测到这些差异。

4.1.2　攻击流量特征分析

攻击流的特征可以从多角度体现，如果分别对受害者端的流量以一个较大时间统计，可以从攻击开始到攻击结束的整个过程来了解流进受害者端 TCP 流量和流出受害者端 TCP-ACK 流量的整体变化趋势。利用小波分析原理，对上述两种流量进行小波变换，分别提取小波系数和尺度系数，可以对流量进行更准确的描述。

小波系数具有高通特性[82]，它可以捕获进入流量的波动特性，在攻击发生期间能够明显地体现出剧烈的波动性。为了量化进入流量的波动性，基于信号能量的概念，定义统计量 E_H 为检测标准

$$E_H(n) = \frac{1}{G} \sum_k \left| d_{1,k}^{\text{In}} \right|^2 \qquad (4\text{-}1)$$

式中，$d_{1,k}^{\text{In}}$ 是小波系数；G 为取样数据的窗口，即每 G 个取样点计算一次；n 表示第 n 个窗口，k 为窗口 G 内第 1 层小波系数的第 k 个点。

图 4-5 为进入受害者端的流量取样，统计时间为 200s，采样间隔为 0.25s，可以明显地看出在攻击发生期间（50～200s）进入受害者端流量的下降。

图 4-6 为对进入受害者端的流量进行小波变换后的小波系数值，可以更为直观地看出在攻击发生期间进入流量的剧烈波动性。采样间隔为 0.25s，200s 共 800 个采样值。小波系数值更好地提取信号的细节成分，从第 200 个采样值开始，即对应 LDoS 攻击从第 50s 开始攻击，小波系数值的大小开始出现剧烈波动，更加直观地体现流入受害者端流量的波动特性。

尺度系数具有低通特性[82]，所以它可以提取流出流量下降的趋势。同样，对于流出受害者端的 TCP-ACK 流量定义 E_L 作为检测标准

$$E_L(n) = \frac{1}{G} \sum_k \left| c_{L,k}^{\text{Out}} \right|^2 \qquad (4\text{-}2)$$

式中，$c_{L,k}^{\text{Out}}$ 是尺度系数；G 和 k 的定义同 E_H 中的定义一样，为取样数据的窗口。

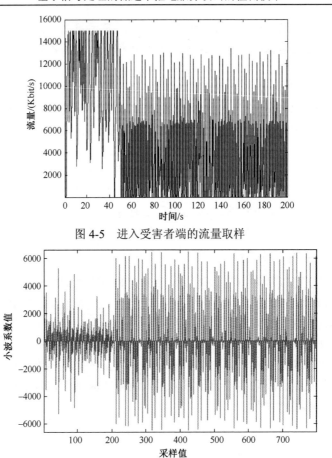

图 4-5 进入受害者端的流量取样

图 4-6 进入受害者端的流量取样的小波系数

图 4-7 为流出受害者端的 TCP-ACK 流量取样,统计时间为 200s,采样间隔为 0.25s,可以明显地看出在攻击发生期间(50~200s)流出受害者端的流量有下降的趋势。

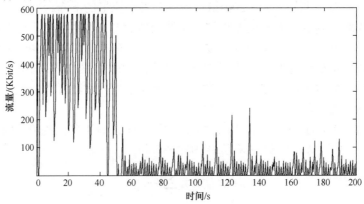

图 4-7 流出受害者端的 TCP-ACK 流量取样

图 4-8 为对流出受害者端的流量进行小波变换后的尺度系数值，更为直观地反映了流出流量下降的趋势。每 0.25s 采样一次，共 800 个采样点，可以更直观地看出在第 200 个采样值附近有一个陡峭的下降趋势。这与从 50s 开始的 LDoS 攻击相对应，更好地提取了流出受害者端 TCP-ACK 流量的整体下降趋势。

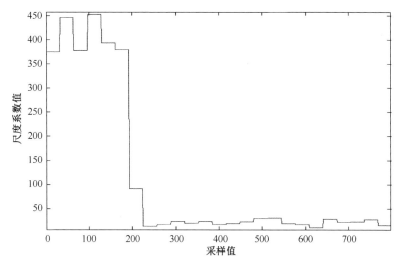

图 4-8　流出受害者端的 TCP-ACK 流量取样的尺度系数

4.2　LDoS 攻击的频域特征

最早开展 LDoS 攻击频域特性研究的是 Chen 等[43, 44]，他们提出了在频域分析 LDoS 攻击的功率谱密度的思路，得到了较好的检测结果。本节在 Chen 等[43, 44]提出的 NCPSD 的基础上，主要针对已发现的 LDoS 攻击的频域特性进行验证。

4.2.1　幅度谱分析

把进入受害者端的包个数看成一个信号序列，并且每 1ms 进行一次抽样。这样对于一个流，就有一个样本序列 $x(n)$。用离散傅里叶变换（discrete Fourier transform，DFT）直接将时域抽样序列转换成频域表示[43]

$$\mathrm{DFT}(x(n),k) = \frac{1}{N}\sum_{n=0}^{N-1} x(n)\mathrm{e}^{-\mathrm{j}2\pi kn/N}, \quad k=0,1,\cdots,N-1 \qquad (4\text{-}3)$$

经过离散傅里叶变换，就可以从频域分析 LDoS 攻击流与正常 TCP 流的不同特性。

正常的 TCP 流转化后的归一化幅度谱如图 4-9 所示。由于抽样频率是 1000Hz，由奈奎斯特（Nyquist）定理可得图中的最高频率为 500Hz。

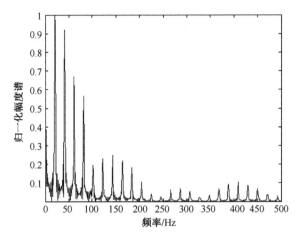

图 4-9　正常 TCP 流的归一化幅度谱

经过处理，LDoS 攻击流的归一化幅度谱如图 4-10 所示[43]。

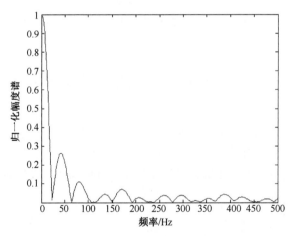

图 4-10　LDoS 攻击流的归一化幅度谱

对比图 4-9 和图 4-10 可以发现，相对于正常的 TCP 流，LDoS 攻击流的频谱主要分布在低频段。

图 4-11 所示为低频段放大后的幅度谱对比图，实线表示正常 TCP 流的幅度谱，虚线代表 LDoS 攻击流的幅度谱[43]。

以上简单地分析了正常 TCP 流和 LDoS 攻击流的幅频特性，为了把此特征具体化，下面从功率谱的角度来分析，从而更直观地揭示 LDoS 攻击的特征。

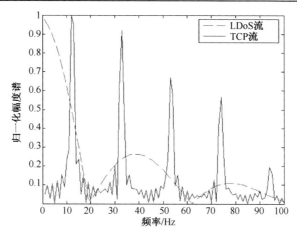

图 4-11　低频段归一化幅度谱对比

4.2.2　功率谱分析

功率谱的估计方法包括基于矩形窗的方法、基于三角窗的方法、基于巴特利特功率谱估计方法等[83]，本节给出对流量的功率谱的分析结果，便于在频域上显著地区分正常流量与攻击流量。

把到达受害者端的数据包个数作为离散信号序列，并且以 1ms 的时间间隔抽样。频带上限为 500Hz。因此，在离散时间状态下定义随机信号 $X(t)$ 的自相关函数为

$$R_{xx}[m] = \sum_{n=-\infty}^{\infty} [x(n)x(n+m)] \tag{4-4}$$

然而，整个随机过程是无法获得的，这需要更多特征。在特定时间间隔内计算自相关函数[43, 83]

$$R_{xx}(m) = \frac{1}{M-m} \sum_{n=0}^{N-m-1} [x(n)x(n+m)] \tag{4-5}$$

式中，$R_{xx}(m)$ 用于获取包过程及其自身在时间间隔 m 内的相互关系。

为了计算出自相关函数的内嵌周期，对自相关序列作傅里叶变换，得到信号的频率分布。对自相关时间序列进行离散傅里叶变换，并得到其功率谱密度为[43, 83]

$$\mathrm{DFT}(R_{xx}[m], K) = \sum_{n=0}^{N-1} (R_{xx}[m] \times \mathrm{e}^{-\mathrm{j}2\pi kn/N}) \tag{4-6}$$

在图 4-1 所示的网络环境中进行实验，得到如下结果：图 4-12 为正常 TCP 流的功率谱密度图，图 4-13 为包含 LDoS 攻击流的功率谱密度图。

从图 4-12 和图 4-13 可以看出，在频域中，包含 LDoS 攻击流的能量分布主要集中在低频段（主要在 0～100Hz），而正常的 TCP 流量的能量分布在频域上相对较广。将横轴放大到低频段（0～100Hz），如图 4-14 所示，图中虚线表示包含 LDoS 攻击流的功率谱密度，实线表示正常 TCP 流的功率谱密度[43, 83]。

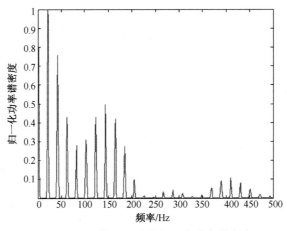

图 4-12　正常 TCP 流的归一化功率谱密度

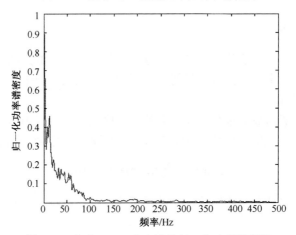

图 4-13　包含 LDoS 攻击流的归一化功率谱密度

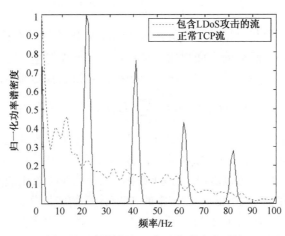

图 4-14　低频段归一化功率谱密度对比

进一步对两个流的功率谱密度进行归一化累积计算, 得到 NCPSD[43] 为

$$\mathrm{ncpsd}(i) = \sum_{i=0}^{i} \mathrm{psd}(i) \Big/ \sum_{n=0}^{N-1} \mathrm{psd}(n), \quad i = 0, 1, \cdots, N-1 \qquad (4\text{-}7)$$

结果如图 4-15 所示[43]。

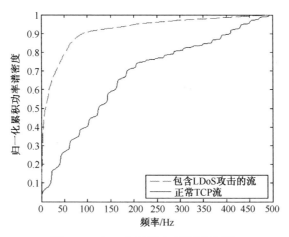

图 4-15　归一化累积功率谱密度对比

　　在图 4-15 中, 虚线表示包含 LDoS 攻击流的 NCPSD, 实线表示正常 TCP 流的 NCPSD。由图可见, 两条曲线的 NCPSD 大小随着频率的增大逐渐增大, 最后归一。同时观察低频段, 大约在 60Hz 处两条曲线出现最大的距离。由图 4-15 可以量化功率谱的分布。以 60Hz 的频点为界, 包含 LDoS 攻击的流有将近 90% 的能量分布在这个频点以下, 而正常的 TCP 流只有不到 30% 的能量分布在此频点之下。

　　通过数字信号处理的方法对 LDoS 攻击流和正常 TCP 流的分析, 可以得到 LDoS 攻击能量分布上的一些重要特征。这些特征可以为检测 LDoS 攻击提供依据, 例如, 利用 NCPSD 曲线的距离差异作为一个检测标准。至今, 研究者提出了一些检测 LDoS 攻击的方法, 其中也有用到数字信号处理理论的。4.3 节将就已有的基于时频域方面的 LDoS 攻击检测方法进行分析。

4.3　基于时频域的 LDoS 攻击检测方法

　　由于 LDoS 攻击具有极强的隐蔽性, 其检测方法一直是研究的热点。传统的基于网络的 NIDS 主要是通过单位时间的链路流量是否超过某一预先设定的阈值来判断网络中是否发生了 DDoS 攻击。现有的 DDoS 攻击检测方法大都是基于时间平均流量的。由于单个 LDoS 攻击的流量很小, 其脉冲的幅度远小于 NIDS 中设定的阈值, 所以 LDoS 可以逃避基于时间平均流量的检测方法。因此, 时域检测几乎对 LDoS 攻击没有效果。

目前，LDoS 攻击的检测方法基本都是在频域上采用信号处理技术实现的，主要方法有以下 3 种。

（1）利用功率谱检测法。Cheng 等[13]首先提出了在频域利用功率谱密度分析的方法检测和防御 LDoS 攻击的思想；Chen 等[43, 44]采用归一化累积功率谱密度，利用正常流量和攻击流量 NCPSD 之间的最大距离作为检测点，用于判断 LDoS 攻击。

（2）离散小波变换分析法。Barford 等[14]首先提出了采用小波处理的思想，利用离散小波变换技术将网络流量（traffic）变换成高、中和低 3 个频率分量，以便查找攻击流量；Luo 等[59, 84]对 LDoS 攻击的性能方面进行了仿真和实验，并采用小波技术在频域中检测 LDoS 攻击的频率分量；魏蔚等[27]提出了以低频功率和为指标的检测方法，同时基于现有的漏桶限流和增加路由器接收缓存的响应方法，提出了结合包队列和漏桶的响应方法。

（3）自相关（autocorrelation）分析法。Shevtekar 等[85]提出了实现在单个边界路由器（edge router）上的 LDoS 攻击流量检测方法。该方法通过对网络流量进行分析，利用流量的自相关特性检测周期性的攻击流量。但是，频域检测 LDoS 攻击的方法存在检测率（detection probability）不能达到最佳，以及虚警（false negative）和漏警（false positive）率偏大等问题。

为了克服以上问题，从时频域两个角度检测 LDoS 攻击可以获得更好的检测效果。本节结合时频域两者各自的优势，设计了时频域混合检测方法的算法与流程。

4.3.1　时间窗统计检测算法与流程

时间窗统计检测就是在一定的采样时间内，对到达的数据包进行统计分析，准确判定 LDoS 攻击脉冲的突变时刻，即判定某个时刻是否有流量突变出现。因此，严格意义上说，时间窗统计检测实际上是一种脉冲峰值（peak）检测[34]。如果连续采样的时间设置得足够长，则可以在一定时间内将不同特征参数 $T/L/R$ 的多个攻击脉冲检测出来。

由于 LDoS 攻击的脉冲持续时间很短，一般在几百毫秒以内，因此，对于一般的网络流量采样分析几乎很难捕捉到 LDoS 攻击脉冲。现有的入侵检测方法为了提高检测的准确率而采用较长时间的流量统计分析，导致其反应时间大于 LDoS 攻击脉冲的持续时间。所以，当 LDoS 攻击脉冲持续时间结束时，入侵检测系统尚未反应过来。

为了准确判定 LDoS 攻击脉冲的突变时刻（流量突变），统计的时间窗长度可以依据 LDoS 攻击流形成周期性的异常脉冲作为特征来匹配，即针对 LDoS 的几个特征参数 $T/L/R$ 进行检测。根据 LDoS 攻击的脉冲持续时间很短的特点，在时间窗长度（time window length，TWL）内采样的间隔（sample time）根据对网络流量学习统计的结果可以设定为 100ms、200ms 和 300ms。这是因为 LDoS 攻击一个周期内的持续时间 L 通常小于 300ms，这里选取 3 个典型时间分析。正确选取采样间隔可以完全记录攻击发生时的峰值数据包数。但采样间隔不能过小，否则当攻击发生时，可能导致与同周期其他采样点的差异不明显。

通过对 LDoS 攻击流量的模拟和分析，根据学习的经验设定 3 个门限系数[34]：前门限系数∂、后门限系数 β 和中门限系数 λ，并将其作为判定在某个时刻出现流量突变的依据。这里，门限系数∂、β 和 λ 均为大于 1 的数，其具体设定值是根据大量实验得到的经验值。门限系数的选取与采样时间、当时的采样值 $x(n)$ 密切相关。当时间窗长度和采样时间选定后，采样值的均值乘以门限系数就可判定是否存在突变脉冲，从而可以判定是否存在 LDoS 攻击。因此，选取不同的采样时间，在不同的 index（index 代表采样值 $x(n)$ 对应的脚标）值下选取不同的门限系数，可以得到不同的检测率。当检测率达到最高的情况下，选出的门限系数就是最佳的。

下面以时间窗内采样长度为 300ms 为例说明时间窗统计检测算法的过程。其核心是比较所有采样点中最大值和其他值的平均最大值间的差异。若此差异明显，则说明可能存在攻击脉冲，其步骤如下[34]。

（1）在设定的时间窗内按照 300ms 采样间隔进行采样，每 300ms 采样得到的数据记为 $x(n)$（$n=0,1,2,\cdots,N-1$），$N=\text{TWL}/300$，表示在一定长度的时间窗内采样得到的数据个数。

（2）从 $x(n)$ 中选择最大值 max $=x_{\text{index}}$，并记录最大值的下标 index 的值。对全部 300ms 中采样得到的数据逐一进行比较，查找其中最大数值的数据，作为比较判断的起始值。

（3）如果 index $=0$，则判断

$$\text{max} > \partial\left[\sum_{i=1}^{2} x(i)/2\right] = A$$

是否成立。如果成立，则存在突变脉冲。

如果 index=0，则说明在本次采样中第一个采样值就是最大的，即可能在一开始采样的时刻就存在突变脉冲。为了进一步证明，将后面连续两个采样值进行求和并平均，然后与前门限系数∂相乘，得到一个平均数值 A。将最大值 max 与平均值 A 进行比较，如果 max$>A$，则可以判定存在突变脉冲，即意味着存在 LDoS 攻击。

由于前门限系数∂是大于 1 的值，它与连续两个采样值的求和平均值相乘，是为了防止在两个采样值中一个值很大（处于脉冲的边缘），而另一个值很小（处于脉冲结束期），导致不能够正确检测出突变脉冲的情况。而在判定 index=0 为最大值后再判定后面连续的两个采样值的求和平均，是为了防止在 index=0 时刻正好出现一个尖锐毛刺干扰的情况。上述两个措施均用于保证检测的可靠性和检测率。

（4）如果 index $=N-1$，则判断

$$\text{max} > \beta\left[\sum_{i=N-3}^{N-2} x(i)/2\right] = B$$

是否成立。如果成立，则存在突变脉冲。

如果 index $=N-1$，则说明在本次采样中最后一个采样值就是最大的，即可能在

本次采样结束前存在突变脉冲。为了进一步证明，将前面连续两个采样值进行求和并平均，然后与后门限系数 β 相乘，得到一个平均值 B。将最大值 max 与平均值 B 进行比较，如果 max>B，则可以判定存在突变脉冲，即意味着存在 LDoS 攻击。

（5）否则判断

$$\max > \lambda\left[\left(\sum_{i=0}^{\text{index}-2} x(i)/2 + \sum_{i=\text{index}}^{N-1} x(i)\right)/(i-1)\right] = C$$

是否成立。如果成立，则存在突变脉冲，并输出检测信息。

如果最大值出现在采样的中间，则把最大值出现前的两个连续采样值求和并平均，再将最大值出现后的所有采样值（包括最大值）进行求和并平均，将这两个求和平均值相加并乘以中间门限系数 λ 得到 C。将最大值 max 与平均值 C 进行比较，如果 $\max > C$，则可以判定存在突变脉冲，即意味着存在 LDoS 攻击。

对最大值出现后的所有采样值求和并平均，即

$$\sum_{i=\text{index}}^{N-1} x(i))/(i-1)$$

通过从本次采样数据的最后一个数据开始逐一去掉一个采样值，并逐次进行求和并平均的方法，能够准确判定突变脉冲消失的时刻。

根据时间窗统计检测的过程，设计实现了基于时间窗统计的检测算法，其流程如图 4-16 所示[34]。

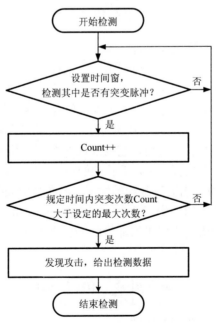

图 4-16   时间窗统计检测流程

图 4-16 所示的时间窗统计检测流程实现步骤如下[34]。

（1）进行参数设置，如时间窗长度、采样时间和最大突变次数值（阈值）。

（2）根据单位时间窗内高速脉冲的个数是否超过设定的阈值，判定是否存在脉冲突变。如果没有脉冲突变，则继续在时间窗内采样数据；如果存在脉冲突变，则计数器 Count 加 1。这里，Count 表示在规定时间内突变的次数。

（3）判定在规定时间内，突变的脉冲次数是否大于预先设定的阈值。如果没有超过阈值，则继续采样数据；如果大于阈值则给出攻击警告，并提交检测结果。

4.3.2　频谱检测算法与流程

LDoS 攻击流占用很小的共享带宽，从而能避开传统的检测机制。然而，变换到频域后，低速率攻击流就会明显地表现出其特征。从 PSD 图上不好取阈值，进一步求归一化累积功率谱密度。从图 4-8 和图 4-9 可以看出，在频域中，LDoS 攻击流的能量分布主要集中在低频段，而正常流量的能量分布在频域上的分布很广，这样利用能量分布的差就可以检测网络流量中是否包含 LDoS 攻击流。频谱检测法就是将 4.2.2 节分析的包含 LDoS 攻击的流与正常 TCP 流的特征为检测依据。

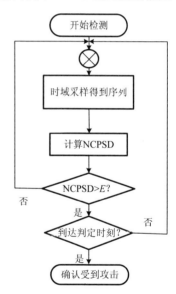

根据 Chen 等[43, 44]提出的采用 NCPSD 方法，利用正常流量和攻击流量 NCPSD 之间的最大距离作为检测 LDoS 攻击依据的思想，用来设计判断 LDoS 攻击的算法流程。

图 4-17（E 表示 NCPSD 的阈值，即归一化功率谱密度）所示的频谱检测算法流程实现步骤如下[34]。

（1）进行参数设置，如采样时间、判定时间阈值、判断频点的阈值（在判断频点这个位置正常流 NCPSD 与异常流的 NCPSD 之间差距最大）和 NCPSD 的阈值 E。

（2）对时域采样得到的数列计算其 NCPSD，如果 NCPSD 值小于阈值，则重新进行时域采样。

图 4-17　频谱检测算法

（3）如果 NCPSD 的值大于阈值，且到达判定时间，则确认受到攻击，否则重新进行时域采样。

4.3.3　时频域混合检测算法与流程

在时域利用时间窗统计检测 LDoS 攻击的时候，由于网络流量在某一特定的情况下具有一定的突发性，即在某一时刻出现较大的流量峰值，导致时域的检测方法存在一定概率的误判。对于分布式 LDoS 攻击，由于每个攻击点的平均发送速率进一步下降，从而使得时域检测的准确率下降。因此，将时域的时间窗统计检测方法与频域的功率谱密度检测方法组合使用，即采用时频域混合检测（hybrid detection）的方法，所利用的 LDoS 攻击特征更多，判断依据增多，使得检测准确率进一步提高。

在时频域混合的检测方法中，可以根据具体情况选定其中一种算法为主要算法，另一种算法为辅助算法。算法检测流程如图 4-18 所示[2]。

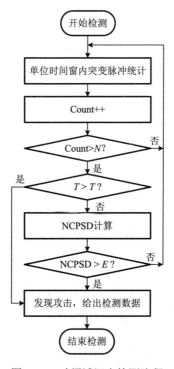

图 4-18　时频域混合检测流程

图 4-18 中，Count 为突变脉冲的统计次数；N 为设置的突变脉冲次数的阈值；t 为采样统计时间；T 为判定时间阈值（规定的判定时间长度）。时频域混合检测的流程如下[34]。

（1）判定单位时间窗内高速脉冲的个数是否超过设定的阈值。如果大于阈值并且还未到达最后的判决时间，则进行频域算法的运行。

（2）判断 NCPSD 是否大于阈值。如果频域 NCPSD 大于阈值，那么不必等待判决时间是否到达，直接认定是攻击。

（3）如果时域和频域检测算法中的一个没有检测到 LDoS 攻击，而另外一个检测到 LDoS 攻击，则按照判断出有攻击的那个算法进行跟踪，另外一个算法暂时休眠。

4.4　仿真实验与结果分析

为了测试三种检测方法的性能，下面在实际的网络平台上搭建更加复杂的测试环境，针对不同长度的采样时间情况进行测试和统计分析。

4.4.1 实验测试环境

实验环境由 6 台计算机、3 台服务器、2 台交换机、2 台路由器和 1 个防火墙组成，如图 4-19 所示[34]。

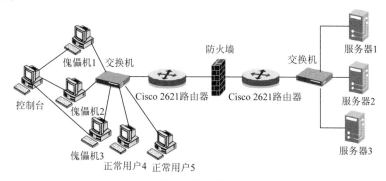

图 4-19 时间窗统计检测环境

其中，傀儡机 1～傀儡机 3 模拟 LDoS 攻击，采用本章所示的 LDoS 攻击流量（图 4-3）；正常用户 4 和正常用户 5 用于模拟访问服务器的正常访问流量。防火墙设置在受害者端的上一跳路由。

在操作系统配置方面，服务器 1、服务器 2 和服务器 3 运行 Linux 系统，提供 Web 和 FTP 服务。Web 采用 Apache，FTP 采用 Proftp。测试环境中其他设备的配置如表 4-2 所示[34]。

表 4-2 测试环境设备配置信息

机器编号	IP 地址	操作系统	CPU/GHz/（内存/MB）	用途
控制台	10.1.20.130	Fedora Core 4	P4 2.4/512	发送攻击指令
傀儡机	10.1.20.140/141/142	RedHat 9.0	P4 2.4/512	发送攻击流量
服务器	10.1.10.10/11/12	Fedora Core 5	P4 2.4/512	模拟服务
正常用户	10.1.20.170/171	Windows XP	P4 2.4/512	模拟正常流量

测试环境中，正常用户数据流的 RTT 通常设置为 100ms[56, 60]；RTO 按照 RFC 最小重传时间推荐 min RTO 为 1s[56, 60]。LDoS 攻击的 R、T 和 L 等参数的配置如表 4-3 所示[34]。

表 4-3 LDoS 攻击的 R、T 和 L 参数配置

脉冲幅值	脉冲持续时间	脉冲周期
$R=4\text{Mbit/s}$	$L=100\text{ms}$	$T=1.1\text{s}$

测试环境检测的有关参数设置如表 4-4 所示[34]。

表 4-4 测试环境检测的有关参数设置

统计时间长度	时间窗长度	采样时间	时间计数即突变脉冲出现的最大次数（阈值）
6s	1.2s	300ms	Count = 3

对网络中的流量按时间窗进行采样，采样间隔为 300ms，则检测突变计数器 Count 是在统计时间长度（如 6s）内统计超过设置的最大计数次数值（阈值）的次数。即如果时间窗长度为 1.2s，则 6s 内可以得到 5 次判断数据，也就是说 6s 内可以得到 5 组 Count 数据。如果 5 组数据中有 3 组（含 3 组）以上超出阈值，则判定存在脉冲突变，就可发出攻击的警报。因此，检测突变计数器 Count 的最大值（阈值）设置为 3。

4.4.2 实验结果与分析

基于时频域的 LDoS 攻击检测的测试包含 3 项内容：①时域的时间窗统计检测；②频域的功率谱密度检测；③时频域混合检测。

测试的性能指标主要包括 3 个：检测率、漏警率、虚警率。

1）时域的时间窗统计检测性能

在时域的时间窗统计检测的参数设置如下[34]。

（1）采样时间为 300ms。

（2）门限系数取攻击时，1000 次实验中不同 index 的情况下，检测率达到最高时的值。

表 4-5 统计了在不同下标和门限系数组合下，检测率的大小。根据表 4-5 的统计结果可以得出：设置门限系数的值为 $\partial = 1.6$，$\beta = 1.6$ 和 $\lambda = 1.8$ 时检测性能最佳。其他采样时间（如 200ms 和 250ms）下的最佳门限系数可以按照同样的方法获得。

表 4-5 不同下标和门限系数组合下检测率统计

门限系数 \ 下标	index=0	index=N−1	其他
1.5	97.7%	98.0%	97.8%
1.6	97.8%	98.2%	97.3%
1.7	97.4%	97.6%	98.1%
1.8	97.2%	97.6%	98.6%
1.9	97.2%	97.4%	98.2%

（3）时间窗的取值设置为 1.2s。

同样，本节在时域上针对采样时间长度为 200ms、250ms 和 300ms 的 3 种情况进行了测试，得到的测试结果统计如表 4-6 所示[34]。

表 4-6 时域的时间窗统计检测性能测试结果

时域采样时间长度	200ms	250ms	300ms
检测率/%	96.5	97.1	98.3
漏警率/%	2.8	2.6	1.7
虚警率/%	2.5	2.3	1.2

从表 4-6 可以看出，时间窗统计检测方法的整体性能指标比较令人满意。检测率

达到 96.5%以上，而漏警率和虚警率则小于 2.8%。另外，采样时间长度与检测结果相关联，采样的时间长度越大，性能越好。

2）频域的功率谱密度检测性能

在本章搭建的实验环境进行了频域的功率谱密度检测性能测试。其中，参数设置如下[34]。

（1）NCPSD 的门限的值设置为 0.68～0.85。

（2）判断点设置在频点 10Hz。

在频域采样时间长度为 3s、4s 和 6s 的 3 种情况下得到的测试结果如表 4-7 所示[34]。

表 4-7　频域的功率谱密度检测性能测试结果

频域采样时间长度	3s	4s	6s
检测率/%	95.2	96.5	97.3
漏警率/%	4.8	4.5	2.7
虚警率/%	4.5	4.3	2.2

从表 4-7 可以看出，检测率达到 95.2%以上，而漏报率小于 4.8%，误报率小于 4.5%。另外，频域采样时间的长度与检测结果相关联，采样的时间长度越大，性能越好。

3）时频域混合检测性能

时频域混合检测的测试仍然采用正常用户 4 或正常用户 5 进行大文件的下载，而傀儡机 1、傀儡机 2 和傀儡机 3 实施攻击，释放 LDoS 攻击流量。其测试分两个步骤进行[34]。

（1）检测率和漏警率测试。

（2）虚警率测试。

时域检测部分设置采样时间分别为 200ms、250ms 和 300ms；频域检测部分设置采样时间长度分别为 3s、4s 和 6s。

为了测试采样时间长度对检测性能的影响，测试针对时频域的每个采样时间进行分组测试，每组测试 20 次，测试结果如表 4-8 所示[34]。

表 4-8　时频域混合检测结果

时域采样时间长度 频域采样时间长度	200ms/3s	250ms/4s	300ms/6s
检测率/%	98.2	98.5	99.3
漏警率/%	1.8	0.9	0.7
虚警率/%	1.5	1.3	0.8

从表 4-8 可以看出，当时域采样时间为 300ms，频域采样时间的长度选为 6s 时，检测的检测率最高达到 99.3%，漏警率和虚警率最低，分别为 0.7%和 0.8%。但是当网络环境和服务发生变化时，要通过实验来选择最佳采样时间，以达到最佳的检测率，以及最低的漏警率和虚警率。

　　综合上述 3 个测试结果可知，针对每个内容的测试均得到了比较满意的测试结果数据。测试结果表明：①基于时间窗统计的检测方法检测率到达 96.5%以上，而漏警率和虚警率小于 2.8%；归一化功率谱密度检测方法的检测率达到 95.2%以上，漏警率小于 4.8%，虚警率小于 4.5%；混合检测方法在时域采样时间为 300ms，频域采样时间的长度选为 6s 时，检测率最高，达到 99.3%，漏警率和虚警率最低，分别为 0.7%和 0.8%。②无论时域还是频域，其采样时间长度与检测结果有关，采样时间长度越大，性能越好。③时频域混合检测方法的检测性能最佳，具有较高的检测率，以及较低的漏警率和虚警率。

4.5　本 章 小 结

　　本章分析了 LDoS 攻击的时域和频域特征。在时域上，利用包过程分析，发现 LDoS 攻击流与 TCP 流存在速率和周期方面的不同特征；利用小波变换来提取流量特征，更好地提取攻击期间进入受害者端流量的剧烈波动性和流出受害者端流量的下降趋势的基本特征。在频域上，根据时域特征中 LDoS 攻击流周期性的特点，对 LDoS 攻击的频域特征进行幅度谱和功率谱两方面的分析，发现 LDoS 攻击流的能量主要集中在低频部分，而 TCP 流的能量大致在频谱上均匀分布。然后，本章根据前面论述的时频域特征分析，设计了三种 LDoS 攻击的检测方法和流程，分别为时间窗统计检测算法、频域的功率谱密度检测算法和时频域混合检测算法。最后，对三种算法进行了性能测试。通过上述结果可以发现，三种检测方法均为有效检测方法，而时频域混合检测算法结合了前两种算法的优势，检测性能最佳。

第 5 章　基于卡尔曼滤波的 LDoS 攻击检测方法

卡尔曼滤波是一种利用线性系统状态方程，通过系统输入/输出观测数据，对系统状态进行最优估计的算法[86]。基于卡尔曼滤波的 LDoS 攻击检测方法与依赖于包个数的检测方法不同，它是以受害者端的流量为分析对象，以受害者端流量所表现出来的突变特性（在攻击开始和结束时，受害者端流量都会发生突变）为检测依据。卡尔曼滤波检测方法是在网络流量线性模型的基础上提出的，算法对平滑处理后的流量数据进行迭代，计算一步预测值和最优估计值的误差，并将其与门限相比较，从而判断是否发生了 LDoS 攻击。因此，基于卡尔曼滤波检测 LDoS 攻击的方法属于信号处理的范畴。

本章首先对已有的基于信号处理的检测 LDoS 攻击的方法进行分析，然后提出基于卡尔曼滤波的 LDoS 攻击检测方法，最后给出检测效果的实验验证和结果分析。

5.1　信号处理相关算法在检测 LDoS 方面的应用

在 LDoS 攻击时，进入受害者端的包个数可被看成一个随机信号序列，所以可以将数字信号处理的相关理论应用于 LDoS 攻击的检测研究工作中。数字信号处理的相关技术，如离散傅里叶变换、功率谱分析、小波分析及动态时间环绕（dynamic time warping，DTW）方法可用于在时频域中分析 LDoS 攻击的特征。下面分别阐述动态时间环绕方法和小波分析在检测 LDoS 攻击方面的应用。

5.1.1　DTW 方法在 LDoS 检测中的应用

Sun 等[87]首次在 LDoS 攻击检测中使用 DTW 方法。首先对数据流进行采样和特征提取，然后利用 DTW 方法将数据与样本进行匹配。当攻击流被识别后，采用差额循环（deficit round robin，DRR）算法进行带宽分配和资源保护，从而消除 LDoS 攻击流的影响[87]。DTW 检测法的整体思路如图 5-1 所示[87]。

图 5-1　DTW 检测法的整体思路

DTW 检测法的具体步骤如下[87]。

1）流量采样

（1）对当前吞吐量按一定速率进行抽样。抽样速率要足够大，同时抽样不会成为系统负担。

（2）得到一个即时抽样序列，此序列的长度要足够长，以便于处理。

（3）对抽样数据归一化，得到

$$\text{Normalized\_Throughput} = \frac{\text{Instantaneous\_throughput}}{\text{Maximum\_link\_bandwidth}} \tag{5-1}$$

2）噪声滤除

（1）在抽样时会夹杂背景噪声，包括一些 UDP 流和其他一些 TCP 流。

（2）滤除噪声，不能对检测 LDoS 攻击造成影响，因此要选择合适的滤波器参数。

3）特征提取

（1）用自相关理论来提取采样信号的周期性特征。

（2）对自相关序列进行无偏归一化处理

$$A_x(m) = \frac{1}{M-m} \sum_{n=0}^{M-m+1} X_{m+n} \cdot X_n \tag{5-2}$$

4）模式匹配

（1）计算抽样信号和模板的相似度，使用动态时间环绕方法得到

$$\text{DTW}(\text{Template},\text{Input}) = \min\left(\sqrt{\sum_{k=1}^{K} w_k}\right) \tag{5-3}$$

式中，w_k 表示环绕路径中第 k 个欧氏距离，K 表示环绕路径中欧氏距离的总数。

（2）DTW 值越小，抽样信号与模板越相似，这样设置一个门限就可以检测 LDoS 攻击。

5.1.2　小波分析在 LDoS 中的应用

Luo 和 Chang[59]曾提出一种基于小波分析的检测方法，将时域和频域特征结合起来，对攻击数据流进行准确描述，并采用基于异常的检测方法实现高精度的检测。这种方法不仅可以检测出 Shrew 攻击等常规 LDoS 攻击，而且可以对变周期的 LDoS 攻击进行检测。蔡晓丽[88]、刘丹[89]等利用小波变换对 LDoS 攻击进行检测，证明了小波分析具有良好的理论研究和实用价值。

对进入受害者端的流量进行统计，包含 LDoS 攻击的 TCP 流量具有剧烈波动的特性，这种现象是由于正常流与 LDoS 攻击流混合。对流出受害者端的 TCP-ACK 流量进行统计，攻击发生时流出受害者端的 TCP-ACK 有下降的趋势。基于小波的检测方法正是根据这两个特性提出的。

对进出受害者端的流量数据进行采样，然后进行小波变换，分别提取小波系数和尺度系数，定义 E_H 和 E_L 作为检测标准。为了能准确及时地检测出 $E_H(n)$ 和 $E_L(n)$ 的突变点，使用 CUSUM 算法[90]。令 $Z_H(n) = E_H(n) - \beta_H$，$Z_L(n) = \beta_L - E_L(n)$，对 $Z_H(n)$ 和 $Z_L(n)$ 使用 CUSUM 算法进行检测，这里 CUSUM 算法的递归定义为：$y(n) = (y(n-1) + x(n))^+$，其中，$(\cdot)^+$ 为非负运算符，$(x)^+ = \max(0, x)$，$n = 1, 2, \cdots, y(0) \equiv 0$，设定一个门限 c_{cusum}，当 $y(n) > c_{\text{cusum}}$ 时即判定发生攻击。

小波分析的理论除用于 LDoS 攻击的检测外,也可以用于 LDoS 特征提取。武汉大学何炎祥教授曾提出一种基于小波特征提取的 LDoS 检测框架。小波变换具有优良的时频局部化特性及多分辨分析能力,它将原信号表示为若干子频带的时域分量之和,从而使其在时频局部化方面具有独特优势,很适合检测正常信号中的突变成分。同时由于 LDoS 攻击周期远大于往返时延 RTT,攻击流量和正常流量在频率成分上存在很大差异,利用小波变换将混合流量信号分解到不同的尺度空间,再分别抽取背景流量子带和攻击流量子带的特征信息,从而有效地屏蔽合法用户的背景数据流给特征分析与提取带来的困难,提高检测的准确率。对于检测系统设计而言,小波分析的另一个优点在于网络异常波动的局部特征蕴涵在小波系数的模极大中,通过不同尺度上小波系数模极大之间的关系可以提取网络异常波动的时域局部特征,为攻击源的追踪提供准确线索[8]。

同时,考虑到 LDoS 攻击流的隐蔽性,在多尺度空间的任一特征都不足以用来确定攻击流,仅从某一方面(如攻击流量的周期性、脉冲强度或背景流量强度)来描述 LDoS 攻击流都是片面的,否则很多具有 LDoS 某些特征的合法数据流可能被误判为攻击流,所以目前已有的 LDoS 检测方法都具有很高的误警率,这对于入侵检测系统来说是一个不容忽视的问题。通过以上分析,当系统存在 LDoS 攻击时,路由器包过程在时频域都存在自己的特征,基于网络流量多分辨分析的 LDoS 检测框架可以实现精确检测。

5.2　基于小波变换的流量特征提取

正常 TCP 流量表现出较平稳的波动性,而混合了 LDoS 攻击的流量波动性更加剧烈。为了能让卡尔曼滤波算法只跟踪攻击开始和结束时的突变,需要对受害者端的流量采样数据进行预处理。小波分析方法是一种窗口大小固定、形状可变的时频局部化信号分析方法,即在低频部分具有较高的频率分辨率和较低的时间分辨率,在高频部分具有较高的时间分辨率和较低的频率分辨率。基于小波分析的特点,可以对进入受害者端的流量数据进行平滑处理,提取波形趋势。

5.2.1　小波分析原理与 Mallat 算法

设 $\psi(t) \in L^2(R)$,其傅里叶变换记为 $\psi(\omega)$,当 $\psi(\omega)$ 满足容许条件

$$C_\psi = \int_R \frac{|\hat{\psi}(\omega)|^2}{|\omega|} \mathrm{d}\omega < \infty \tag{5-4}$$

则 $\psi(t)$ 称为一个基本小波或母小波。母函数 $\psi(t)$ 经伸缩和平移后,就可以得到一个小波序列

$$\psi_{a \cdot b}(t) = \frac{1}{\sqrt{|a|}} \psi\left(\frac{t-b}{a}\right) \tag{5-5}$$

式中,a 为伸缩因子或尺度因子;b 为平移因子。

式（5-5）表示连续小波变换，它的基本思想是将原始信号分解成一系列具有良好频域定位性的基元信号，利用基元信号的各种特征来表征原始信号的局部特征，达到对信号的时频域局部化分析的目的[91]。

连续小波变换的概念及其公式往往适合于理论的分析和推导。现代计算机基本上采用数字处理模式，因此连续小波变换必须进行离散化，以适合数字计算机的处理。而且离散化最主要的原因在于连续小波变换系数是冗余的，要试图通过离散化，最大程度地消除和降低冗余性。离散小波变换（discrete wavelet transform，DWT）是相对于连续小波变换的变化方法，本质上是对自变量 a 和 b 进行离散化处理。1987 年，Mallat 将计算机视觉领域的多分辨率思想引入小波分析中，提出了多分辨分析理论，给出了数学描述和离散小波变换的分解与重构算法，即 Mallat 算法[92, 93]。Mallat 算法类似于快速傅里叶变换，是小波变换的一种快速算法，它具有设计简单、运算快捷等特点，在实际应用中占有十分重要的地位。

对于一个信号 $f(t) \in L^2(R)$，可以用尺度函数 $\phi_{j,k}(t)$ 和小波函数 $\varphi_{j,k}(t)$ 将其表示为

$$f(t) = \sum_k c_{i_0}(k)\phi_{j_{0,k}}(t) + \sum_k \sum_{j=j_0} d_j(k)\varphi_{j,k}(t) \qquad (5\text{-}6)$$

式中，$c_j(k)$ 和 $d_j(k)$ 分别是原信号的平滑分量和细节分量，$j \in [1, j_0]$，它们可以通过 Mallat 算法求出。

Mallat 算法多层分析结构如图 5-2 所示。多分辨分析只是对低频部分进行进一步分解，使频率的分辨率越来越高。

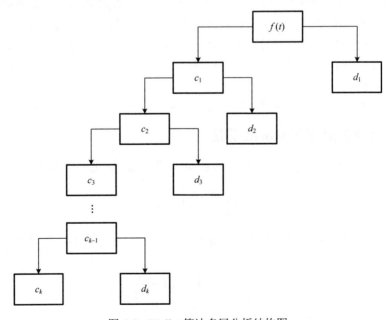

图 5-2　Mallat 算法多层分析结构图

j 尺度上的 $c_j(k)$ 和 $d_j(k)$ 可以按下式求出[82]

$$c_j(k) = \sum_m h_0(m - 2k)c_{j-1}(m) \qquad (5\text{-}7)$$

$$d_j(k) = \sum_m h_1(m - 2k)c_{j-1}(m) \qquad (5\text{-}8)$$

式中，h_0 和 h_1 分别是低通滤波器系数和高通滤波器系数。式（5-7）和式（5-8）表明，j 尺度上的平滑信号和细节信号可由 $j-1$ 尺度上的平滑信号分别经高低通滤波，再进行二抽取后得到，其实现过程如图 5-3 所示。在图 5-3 中，"↓2"表示二抽取。

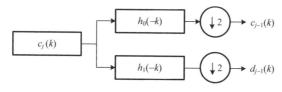

图 5-3　一阶小波函数分解

因为平滑信号 $c_j(k)$ 具有低通特性，所以它能滤除原始信号的高频分量。

5.2.2　提取波形趋势

以受害者端的网络流量为分析对象，需利用小波变换平滑处理后才能提取可用的 LDoS 攻击特征。在受害者端的上一跳路由，对进入路由器的流量每隔 0.25s 进行一次统计，统计时间 900s。为便于比较，本章所有图的横轴范围统一为 0～900s 进行一次统计。流量采样图如图 5-4 所示[32]。

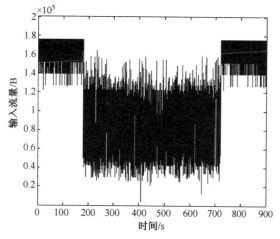

图 5-4　进入受害者端的流量取样

从图 5-4 可以发现，在攻击发生期间受害者端输入流量有所下降，在未遭受攻击和遭受攻击时流量都有波动，受攻击时流量的波动性更强。

　　为了便于分析比较，需要对上面的取样信号进行平滑处理，提取波形趋势。这时就用到了前面提到的离散小波变换对流量进行处理。这里对原始数据使用 db(1) 小波作 5 级分解，取其平滑信号部分，仿真结果如图 5-5 所示[32]。

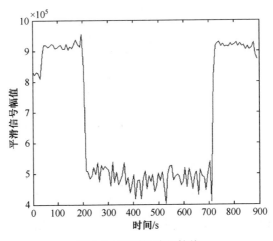

图 5-5　流量的波形趋势

　　通过图 5-5 可以看出，经过离散小波变换后，原始波形就被平滑了，只有在攻击发生和结束时有突变，同时待处理的数据量也减少了，从而有利于卡尔曼滤波器的运算。

5.3　基于卡尔曼滤波的 LDoS 攻击的检测方法

　　小波变换消除了攻击期间多余的突变，只有在攻击发生和结束时流量有突变，在此基础上建立一个流量矩阵模型并用卡尔曼滤波算法进行预测和估算[32]。基于卡尔曼滤波算法，预测值与估算值在流量发生突变时会产生很大的误差，通过误差值与门限值的比较来检测攻击。

5.3.1　流量模型分析

　　卡尔曼滤波算法的使用依赖于建立一个线性系统模型。对于网络流量，常用流量矩阵（traffic matrix）模型来表示。流量矩阵的概念，是为了概括在域间或域内以全网观点来看待流量的事实而引入的，流量矩阵反映了一个网络中所有源节点和目的节点对，即 OD 对（pair of origin-destination）之间的流量需求，网络节点类型的选择会影响流量矩阵的粒度和类型[92]。不同粒度的流量矩阵包括链路级、路由级和入网点（point of presence，PoP）级流量矩阵。由于流量矩阵需要捕获网络流量的全局状态，直接监控代价非常大，实际上几乎是不可行的。

　　流量矩阵的行对应 OD 对，列对应不同时刻的流量需求。令 $Y = (y, \cdots, y_I)'$ 表示一个网络中所有链路的流量值，I 表示链路的总数。$X = (x, \cdots, x_J)'$ 为该网络中所有 OD 对的流量矩阵，J 表示网络中 OD 对的总数，x_j 表示第 j 个 OD 对之间的流量需求。$A = (a_{ij})$ 是 $I \times J$ 的 0-1 矩阵，如果 OD 对 j 之间的流量经过链路 i，则 $a_{ij} = 1$，否则 $a_{ij} = 0$。A 的列指明了某个 OD 流量需求在网络中所要经过的全部链路的集合，显然，A 是一个包含实际路由信息的矩阵。流量矩阵、路由矩阵和链路负载三者之间的关系可以表示为

$$Y = AX \tag{5-9}$$

通常，由于网络中 OD 对的数量远大于链路数，即 $J \gg I$，所以 A 不是一个满秩矩阵。这意味着式(5-9)将有无穷多组可能解，是一种病态的线性逆问题(ill-posed linear inverse problem，ILIP)。流量矩阵估算所要解决的就是在已知链路流量 Y 和路由矩阵 A 的情况下从式(5-9)中求出流量矩阵 X。其中，链路流量 Y 可以通过一般的流量数据采集方法，如 SNMP(simple network management protocol)等得到；路由矩阵 A 可以通过路由器的配置信息或者通过收集 OSPF(open shortest path first)，或者 IS-IS(intermediate system to intermediate system)的链路权重并计算最短路径得到[92]。

5.3.2　卡尔曼滤波算法

典型的卡尔曼滤波算法一般应用于一个离散控制过程的系统。该系统可用一个线性随机微分方程(linear stochastic difference equation)来描述[32]

$$X(k \mid k) = AX(k-1) + BU(k) + W(k)QR \tag{5-10}$$

再加上系统的测量值[32]

$$Z(k) = HX(k) + V(k) \tag{5-11}$$

式中，$X(k)$ 是 k 时刻的系统状态；$U(k)$ 是 k 时刻对系统的控制量；A 和 B 是系统参数，对于多模型系统，它们为矩阵；$Z(k)$ 是 k 时刻的测量值；H 是测量系统的参数，对于多测量系统，H 为矩阵；$W(k)$ 和 $V(k)$ 分别表示过程和测量的噪声，它们被假设成高斯白噪声(white Gaussian noise)，它们的协方差(covariance)分别是 Q、R，这里假设它们不随系统状态变化而变化。

在满足上述条件(对于线性随机微分系统，过程和测量都是高斯白噪声)的基础上，卡尔曼滤波器是最优的信息处理器。下面用它们结合协方差来估算系统的最优化输出。

首先利用系统的过程模型来预测下一状态的系统。假设现在的系统状态是 k，根据系统的模型，可以基于系统的上一状态预测出的现在状态[32]

$$X(k \mid k-1) = AX(k-1 \mid k-1) + BU(k) \tag{5-12}$$

式中，$X(k \mid k-1)$ 是利用上一状态预测的结果；$X(k-1 \mid k-1)$ 是上一状态的结果；$U(k)$ 为现在状态的控制量，如果没有控制量，那么它可以为 0。

到现在为止，系统结果已经更新了。可是，对应于 $X(k \mid k-1)$ 的协方差还没更新。用 P 表示协方差[32]，则

$$P(k \mid k-1) = AP(k-1 \mid k-1)A^{\mathrm{T}} + Q \tag{5-13}$$

式中，$P(k \mid k-1)$ 是 $X(k \mid k-1)$ 对应的协方差；$P(k-1 \mid k-1)$ 是 $X(k-1 \mid k-1)$ 对应的协方差；A^{T} 表示 A 的转置矩阵；Q 是系统过程的协方差。式（5-12）和式（5-13）就是卡尔曼滤波器 5 个公式当中的前两个，也就是对系统的预测。

有了现在状态的预测结果，再收集现在状态的测量值。结合预测值和测量值，可以得到现在状态 k 的最优化估算值 $X(k \mid k)$[32]为

$$X(k \mid k) = X(k \mid k-1) + \mathrm{Kg}(k)(Z(k) - HX(k \mid k-1)) \tag{5-14}$$

式中，Kg 为卡尔曼增益（Kalman gain），且

$$\mathrm{Kg}(k) = P(k \mid k-1)\boldsymbol{H}^{\mathrm{T}}(\boldsymbol{H}P(k \mid k-1)\boldsymbol{H}^{\mathrm{T}} + R)^{-1} \tag{5-15}$$

这样就得到了 k 状态下最优的估算值 $X(k \mid k)$，但是为了让卡尔曼滤波器不断运行直到系统过程结束，还要更新 k 状态下 $X(k \mid k)$ 的协方差[32]

$$P(k \mid k) = (\boldsymbol{I} - \mathrm{Kg}(k)\boldsymbol{H})P(k \mid k-1)\boldsymbol{I} \tag{5-16}$$

式中，$\boldsymbol{I}$ 为单位的矩阵，对于单模型单测量，$I = 1$。当系统进入 $k+1$ 状态时，$P(k \mid k)$ 就是式（5-13）的 $P(k-1 \mid k-1)$。这样，算法就可以自回归地运算。

5.3.3　一步预测与最优估计检测

网络流量异常检测系统试图建立一个对应"正常的活动"的特征原型，然后把所有与所建立的特征原型中差别"很大"的行为都标识为异常。它假定所有异常行为都是与正常行为不同的。如果能够建立系统正常行为的轨迹，那么理论上就可以把所有与正常轨迹不同的系统状态视为可疑企图，如图 5-6 所示[32]。

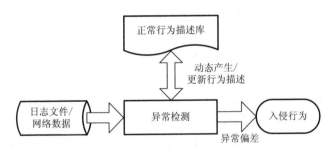

图 5-6　异常检测模型

显而易见，当正常行为描述中与异常行为存在交集时，一定会存在漏警和误警问题。为了使漏警和误警的概率较符合实际需要，该模型的主要问题是选择一个区分异常事件的阈值。对于异常阈值与特征的选择是异常检测技术的关键。例如，通过流量统计分析将某段时间的异常网络流量视为可疑。

网络流量模型和卡尔曼滤波算法是检测 LDoS 攻击的关键，在 5.2 节小波分析的

基础上建立一个流量矩阵模型，并用卡尔曼滤波算法进行预测和估算。把平滑信号作为观测值 Y_t，它与实际系统状态值 X_t 的关系可以用线性方程表示为[32]

$$Y_t = A_t X_t + V_t \qquad (5\text{-}17)$$

式中，A_t 表示路由器矩阵；V_t 表示一个非相关、零均值的高斯白噪声，由统计工具的误差引起。

对下一时刻状态的一步预测表示为[32]

$$X_{t+1} = C_t X_t + W_t \qquad (5\text{-}18)$$

式中，C_t 反映了流量的时空相关性；W_t 是非相关、零均值的高斯白噪声，由流量的随机波动造成[94]。

根据卡尔曼滤波原理，基于上一状态可预测出现在的状态，同时更新 X_t 的自协方差 P_t。用公式表示为[32]

$$\begin{cases} \hat{X}_{t+1|t} = C_t \hat{X}_{t|t} \\ P_{t+1|t} = C_t P_{t|t} C_t^{\mathrm{T}} + Q_t \end{cases} \qquad (5\text{-}19)$$

式中，$\hat{X}_{t+1|t}$ 表示一步预测；$P_{t+1|t}$ 表示预测方差；Q_t 表示 W_t 的协方差，且

$$E\left[W_k W_l^{\mathrm{T}} \right] = \begin{cases} Q_k, & k = l \\ 0, & \text{其他} \end{cases} \qquad (5\text{-}20)$$

有了现在状态的预测结果，再收集现在状态的测量值。结合预测值和测量值，可以得到 $t+1$ 状态的最优化估算值 $\hat{X}_{t+1|t+1}$，同时更新 $t+1$ 状态下 $X_{t+1|t+1}$ 的自协方差 $P_{t+1|t+1}$[32]

$$\begin{cases} \hat{X}_{t+1|t+1} = \hat{X}_{t+1|t} + K_{t+1}\left[Y_{t+1} - A_{t+1}\hat{X}_{t+1|t} \right] \\ P_{t+1|t+1} = (I - K_{t+1}A_{t+1})P_{t+1|t}(I - K_{t+1}A_{t+1})^{\mathrm{T}} + K_{t+1}R_{t+1}K_{t+1}^{\mathrm{T}} \end{cases} \qquad (5\text{-}21)$$

式中，$K_{t+1} = P_{t+1|t}A_{t+1}^{\mathrm{T}}\left[A_t P_{t+1|t} A_t^{\mathrm{T}} + R_{t+1} \right]^{-1}$；$R_t$ 表示 V_t 的协方差，且

$$E\left[V_k V_l^{\mathrm{T}} \right] = \begin{cases} R_k, & k = l \\ 0, & \text{其他} \end{cases} \qquad (5\text{-}22)$$

为了进行实时检测，设定一个检测周期为 20s，同时将前一周期观测数据的均值作为下一周期预测的初值，随着卡尔曼滤波算法的进行，X 会逐渐收敛。这样卡尔曼预测的结果如图 5-7 实线所示，虚线是最优估算的结果[32]。

下面将 $t+1$ 时刻的一步预测值与最优估算值进行比较，误差表达式为[32]

$$\varepsilon_{t+1} = \left| \hat{X}_{t+1|t} - \hat{X}_{t+1|t+1} \right| \qquad (5\text{-}23)$$

$\hat{X}_{t+1|t}$ 只是靠 t 状态及以前的信息得出的，而对 $\hat{X}_{t+1|t+1}$ 的估算还用到了 $t+1$ 状态的信息，因此当突然出现异常时估算值与预测值会产生很大的误差。图 5-8 是归一化的

误差，在异常突变时误差确实会变得很大[32]。为判定异常发生，可以采用阈值检测法。当 ε_{t+1} 的值超过设定的阈值时就可以判定发生了 LDoS 攻击。

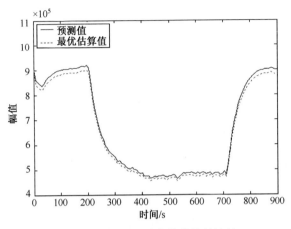

图 5-7　预测值与最优估算值的比较

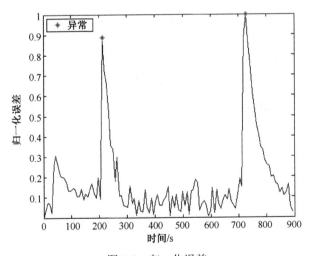

图 5-8　归一化误差

5.3.4　假设检验

由图 5-8 可以看出，攻击开始和结束时误差都很大，都会超过设定的阈值，因为从受攻击状态恢复正常流量也是发生了突变。为了只对攻击发生时的突变进行报警，下面用一种假设检验的方法判定攻击的开始与结束，用 t 检验法就可以减小误报率。一旦检测出 ε_t 的值超过阈值的情况，就开始对下一时刻的原始流量进行检测。把一个检测周期分为 n 个相同的时间间隔小段，用 t 检验法判定攻击是开始还是结束[32]。需要检验

$$H_0: \mu \geqslant \mu_0 = M_k / n$$
$$H_1: \mu < M_k / n \qquad\qquad (5\text{-}24)$$

式中，M_k 是在正常情况下通过学习得到的一个流量的数学期望。拒绝域为

$$t = \frac{F_{\text{avg}} - \mu_0}{s/\sqrt{n}} < t_{1-\alpha}(n-1) \qquad\qquad (5\text{-}25)$$

式中，F_{avg} 为这一段时间流量的平均值。如果 H_1 被接受，则认为攻击刚刚开始；如果 H_1 被拒绝，则认为攻击已经结束。这样就只留下一个突变点认为是攻击，另一个突变点不报警。

5.4 仿真实验与结果分析

针对提出的基于卡尔曼滤波的 LDoS 攻击检测方法，搭建网络测试环境进行检测实验，并给出结果分析。

5.4.1 实验环境与检测流程

基于卡尔曼滤波的 LDoS 攻击检测的实验环境如图 5-9 所示[32]。

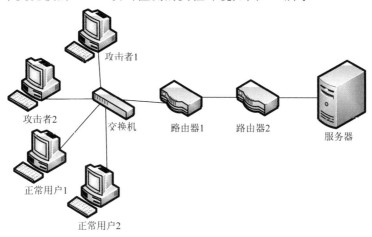

图 5-9 实验环境

实验采用四台计算机、一台服务器、两台 Cisco 路由器和一台 Cisco 交换机，在 Linux 平台下模拟 LDoS 攻击并实现攻击的检测。其中，路由器为 Cisco 2621，路由器间的带宽为 10Mbit/s。图 5-9 所示的网络结构可以代表真实网络的一般特性。

其他各设备的配置及承担的角色如表 5-1 所示[32]。攻击时，设定的攻击模型参数为 A（150ms，5Mbit/s，1s，540）。

表 5-1　实验设备配置

机器角色	IP 地址	操作系统
攻击者 1	192.168.20.23	RedHat 9.0
攻击者 2	192.168.20.24	RedHat 9.0
正常用户 1	192.168.20.25	Windows 2000
正常用户 2	192.168.20.26	Windows 2000
服务器	192.168.40.8	RedHat 9.0

检测流程如图 5-10 所示[32]。实验开始，先让正常用户 1 和正常用户 2 正常下载服务器的 FTP 资源，180s 后攻击者发起 UDP 攻击，每次攻击持续时间为 540s，再让用户正常下载 180s，以此类推。

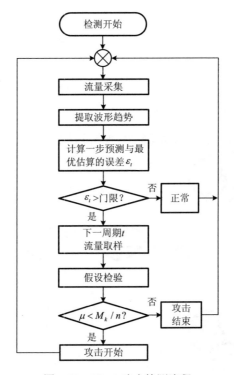

图 5-10　LDoS 攻击检测流程

在受害者端每 0.25s 对流量进行一次统计，以字节为单位，使用 tcpstat 工具抓包，这样就获得了要处理的原始数据。然后对取样的信号进行小波处理，进而基于卡尔曼滤波算法计算误差值 ε_t。将 ε_t 与门限值比较，如果小于阈值则认为正常；如果大于阈值则认为有异常发生。接着对下一个周期的流量取样，然后进行假设检验，在假设检验中 n 设为 20，也就是下一周期为 5s。根据假设检验，如果 $\mu < M_k/n$ 则判定攻击开始，否则认为攻击结束。

5.4.2 实验结果与分析

为了验证卡尔曼滤波算法的检测效果，共进行 1000 次攻击，检测周期取 20s，检验的周期取 5s。实验数据如表 5-2 所示[32]。

表 5-2 实验数据统计

攻击次数	判决阈值	检测次数	漏警次数	虚警次数
1000	0.850	853	147	105
1000	0.650	896	104	126
1000	0.550	902	98	177
1000	0.350	918	82	212

因为要在检测率、漏警率和虚警率之间进行折中，所以必须选取一个合适的判决阈值。阈值检测法是一种量化分析形式，在阈值检测中，用户和系统行为的某种属性根据计数进行描述，设定一个容许值或范围，一旦超出此值或范围就判断为异常。阈值检测法中选择合适的阈值或范围是这一方法的难题，这里采用基于统计的分析方法来确定阈值。

统计分析方法用一些称为统计分析检测点的统计变量刻画用户或系统的行为，如审计事件的数量、间隔时间、资源消耗情况等。通过检测审计数据与系统正常时得到的统计数值的偏离程度判断是否存在入侵行为。

统计方法在处理连续类型的数据时具有很大的优越性，可以"学习"用户的行为习惯，从而具有较高的检测率与自适应性。同时，它比较容易实现，分析结果比较直观。针对系统资源的使用情况，如占用的 CPU 时间、占用内存大小、网络带宽的使用等方面，运用统计方法是一种比较合理的选择。

在本章的网络环境中，经过大量实验统计正常情况和异常情况下 ε_t 的分布规律，选取阈值为 0.650。在其他真实环境下可以通过具体情况，根据学习确定阈值，使得在大部分正常情况下误差值低于此阈值，而在攻击发生时误差值超过阈值。在本章实验中确定的阈值下，由表 5-2 可得出检测率为 89.6%（与 Chen 等[43]的检测率比较提高了近 2%），漏警率为 10.4%，虚警率为 12.6%。其中，虚警率的大小主要依赖于网络质量和 t 检验的效率。与其他阈值相比，它使得检测率足够高，误判率足够低，符合要求。因此，这个阈值是最优的。

5.4.3 检测体系的部署

检测系统在真实网络环境中的部署是需要考虑的关键问题。根据 LDoS 攻击流量传输的特点，设计了一种全局动态检测 LDoS 攻击的体系结构，如图 5-11 所示。

图 5-11 所示的检测体系需要全局的路由器协同工作。检测模块可以按照传统的部署方式串接在网络中的相应位置，也可以与路由器并接在网络中。

传统的检测防御体系一般都串接在网络的入口位置，这样部署的致命缺点是检测防御体系要承受巨大的压力，一旦超过机器的承受能力，轻则随机丢包，重则造成整个网络瘫痪，处理起来非常被动，也不灵活。而采用图 5-11 所示的结构把检测模块（detector）并接到网络中的方式就比较灵活，当网络负载过重时能起到分流的作用。下面详细描述全局动态检测体系的工作过程。

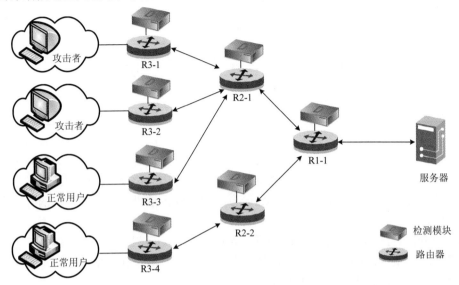

图 5-11　检测体系的全局部署

假设远端的攻击者通过与服务器临近的路由器 R3-1、R3-2→R2-1→R1-1 最后对服务器进行攻击，则全局检测体系可以一步一步地对攻击者进行定位，具体步骤如下。

（1）在受害者端的上一跳路由进行检测，即在 R1-1 上进行检测。

（2）R1-1 上的检测模块检测到在 R1-1→R2-1 链路上存在攻击，这时 R1-1 通知与它相邻的下一级路由器 R2-1 的检测模块向下进行检测。

（3）R2-1 的检测模块发现与其相连的链路上存在攻击，这时 R2-1 通知与它相邻的路由器 R3-1、R3-2 和 R3-3 上的检测模块进行检测。

（4）最终 R3-1 和 R3-2 检测到与它们相连的网络存在攻击，从而定位了攻击源。减小了其他中间路由的工作量，为及时防御 LDoS 攻击提供了依据，将攻击扼杀在 R2-1 之前。

5.5　本 章 小 结

本章采用数字信号处理领域的卡尔曼滤波算法解决 LDoS 攻击的检测问题。与其他基于数字信号处理的检测方法不同，基于卡尔曼滤波算法的 LDoS 攻击检测方法利用受害者端流量的突变性，在建立网络流量矩阵模型的基础上，将一步预测和最优估计的差值作为检测依据。同时通过假设检验消除了负面影响，从而降低了误报率。基于卡尔曼滤波技术的检测方法，不仅可以检测出 Shrew 等常规的 LDoS 攻击，而且对变周期的 LDoS 攻击也可以进行检测。

第 6 章　基于 Duffing 振子的 LDoS 攻击检测方法

Duffing 振子是众多能产生奇异吸引子的混沌（chaos）振子之一。基于 Duffing 振子的微弱信号检测作为混沌理论在弱信号检测中的经典应用，被学者广泛深入地研究。LDoS 攻击的流量隐藏在巨大的正常网络流量中，根据信号检测理论，正常网络流量属于强背景噪声。因此，LDoS 攻击检测的问题实质上是强背景噪声下的信号（LDoS 攻击流量）检测问题，所以将 Duffing 振子应用于复杂网络背景下的攻击流量检测具有理论可行性[95, 96]。

本章在结合 LDoS 的攻击模型下分析正常 TCP 流与 LDoS 攻击流差异的基础上，提出了一种基于 Duffing 振子的 LDoS 攻击检测方法。该方法将 Duffing 系统相轨迹的转变作为攻击检测依据，测量系统是否脱离混沌状态，进而判断是否存在 LDoS 攻击。

6.1　混　沌　理　论

1963 年，在利用微分方程描述气候变化的时候，美国气象学家洛伦兹[97-99]首次发现了混沌现象。他用在南半球巴西某地一只蝴蝶翅膀的偶然煽动所引起的微小气流，在几星期后可能引发席卷北半球美国德克萨斯州的一场龙卷风的现象比喻混沌现象。从此，开启了混沌科学研究的大门：生理学家发现在人类的心脏中存在着混沌现象，这其中有着惊人的有序性；生态学家在探索树蛾群休的减少与增多的规律；经济学家研究股票价格上升和下降的数据，尝试找到一种全新的分析方法[100]。

1976 年，美国生物学家 May 发表了《具有极复杂的动力学的简单数学模型》[101]一文，它向人们表明了混沌理论的惊人信息：简单的确定论数学模型竟然也可以产生看似随机的行为。以一组完全确定的非线性方程及初始条件为例，从数学的角度看，这组方程描述的是一个确定的运动，对方程组求解，应该得到一组完全确定的解。但是在某些非线性系统中，由于系统运动对初始条件的微小摄动极其敏感，它的输出将不是一个确定过程，系统将出现混沌[101]。

通过对自然界客观存在的混沌现象的研究分析，人们发现混沌现象具备以下特征[100-102]。

（1）长期运动对初值的极端敏感依赖性，即长期运动的不可预测性，通常称为"蝴蝶效应"。

（2）运动轨迹的无规律性，相空间的轨迹具有复杂、扭曲、缠绕的几何结构。

（3）一种有限范围的运动，即在某种意义下（以相空间的有限区域为整体来看）不随时间而变化。

（4）具有宽的傅里叶功率谱。

（5）具有分数维的奇异点集，对耗散系统有分数维的奇怪吸引子出现，对于保守系统则出现混沌区。

（6）具有遍历性。它能在一定范围内，按其自身的规律不重复地遍历相空间的所有状态。

6.2　Duffing 振子检测微弱信号原理

利用混沌系统对微弱周期信号进行检测，本质上是利用其对参数的摄动及其敏感性，从而使系统周期解发生本质变化，进而达到检测的目的。具体来说，就是将待测小信号作为混沌系统的一种周期扰动，噪声虽然强烈，但对系统状态的改变没有影响，一旦有特定的微扰小信号，由于混沌系统对周期小信号的敏感性，即使幅值较小，也会使系统发生本质的相变，计算机通过辨识系统状态，可判定信号是否存在，从而将强背景噪声下的微弱周期信号检测出来[100, 102, 103]。

6.2.1　Duffing 系统的基本原理

Duffing 方程在非线性动力学系统的研究中占有重要的地位，被广泛应用。广义 Duffing 方程的特点之一是在 Duffing 方程等号右边加上外加强迫项，系统的本征频率与外加周期强迫项的频率相互作用，使得该方程蕴涵着极其丰富的内容。

以 Holmes 型简化的 Duffing 方程为例，它的一般形式为[104, 105]

$$x''(t) + k \cdot x'(t) - x(t) + x^3(t) = f \cdot \cos(t) \tag{6-1}$$

式中，$f \cdot \cos(t)$ 为周期策动力；k 为阻尼比；$-x(t) + x^3(t)$ 为非线性恢复力。在 k 固定的情况下，系统状态随 f 的变化出现有规律的变化，具体分析如下。

（1）$f = 0$ 时，相平面的鞍点为（0, 1），焦点为（±1, 0）。点 (x, x') 随初始条件不同最终收敛到两个焦点之一，如图 6-1 所示[38]。

（2）当 f 极小时，系统的相轨迹表现为围绕两个焦点中的一个做衰减周期振荡。当 f 超过一定阈值 f_c 时，系统将出现同宿轨道，如图 6-2 所示[38]。

（3）稍许增大 f，系统围绕稳定焦点的振荡出现周期倍分频，如图 6-3 所示[38]。

（4）进一步增大 f，系统进入混沌状态。接着 f 在很大范围里，系统都处于混沌状态，如图 6-4 所示[38]。

（5）继续增大 f，使得其超过另一个阈值 f_d，这时系统从混沌状态跃迁到大尺度周期状态，系统相轨迹将焦点、鞍点统统围住，如图 6-5 所示[38]。

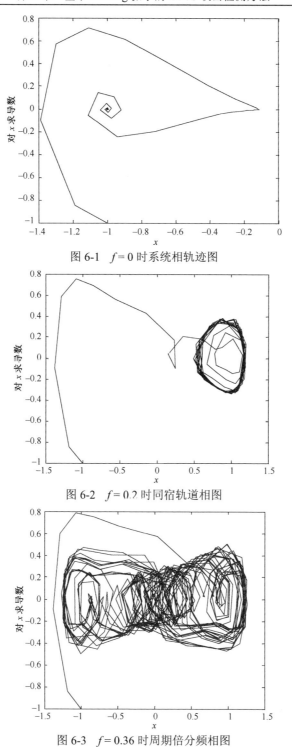

图 6-1　$f=0$ 时系统相轨迹图

图 6-2　$f=0.2$ 时同宿轨道相图

图 6-3　$f=0.36$ 时周期倍分频相图

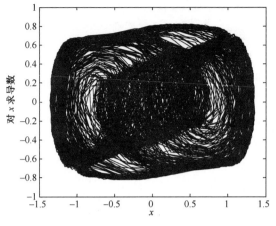

图 6-4　$f = 0.68$ 时混沌状态相图

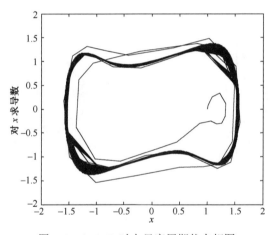

图 6-5　$f = 0.68$ 时大尺度周期状态相图

6.2.2　Duffing 系统的阈值确定

混沌系统的阈值确定方法很多，如 Lyapunov 指数谱判别法、Melnikov 方法、直接观测法等[106]。本节以 Duffing 系统检测正弦信号为例，说明采用 Melnikov 方法确定 Duffing 系统阈值的过程。

为了简化分析过程，令式（6-2）中 $w = 1\mathrm{rad/s}$，并添加小参数 ε，可得

$$x'' + k \cdot x' - x + x^3 = \varepsilon \cdot f \cdot \cos(wt) \tag{6-2}$$

此方程的等价形式为

$$\begin{cases} x' = y \\ y' = x - x^3 - \varepsilon \cdot k \cdot y + \varepsilon \cdot f \cos(wt) \end{cases} \tag{6-3}$$

当 $\varepsilon = 0$ 时，此系统为 Hamilton 系统，其 Hamilton 量为

$$H = \frac{1}{2}y^2 - \frac{1}{2}x^2 + \frac{1}{4}x^3 \tag{6-4}$$

根据平衡条件，可求得系统有三个不动点，其中（0，1）是中心，（1，0）和（−1，0）是焦点。当系统的 Hamilton 量为零时，存在两条连接双曲鞍点的同宿轨道

$$\begin{cases} x_0(t) = \pm\sqrt{2}\sec(ht) \\ y_0(t) = \mp\sqrt{2}\sec(ht)\cdot\tan(ht) \end{cases} \tag{6-5}$$

Melnikov 函数是

$$M(t_0) = \int_{-\infty}^{\infty}[f(q_0(t))\Lambda g(q_0(t),t+t_0)]\mathrm{d}t$$

式中，q_0 为同宿轨道的双曲鞍点。

由 Duffing 方程得

$$f(x) = \begin{bmatrix} y \\ -x+x^3 \end{bmatrix}, \quad g(x) = \begin{bmatrix} 0 \\ -ky+f\cos(wt) \end{bmatrix} \tag{6-6}$$

则

$$\begin{aligned} M(t_0) &= \int_{-\infty}^{\infty}[y(t)\cdot(-ky(t)+f\cos(w(t+t_0)))]\mathrm{d}t \\ &= \int_{-\infty}^{\infty}-ky^2(t) + \int_{-\infty}^{\infty}y(t)f\cos(w(t+t_0)))]\mathrm{d}t \\ &= \int_{-\infty}^{\infty}-k(\mp\sqrt{2}\sec(ht)\cdot\tan(ht))^2\mathrm{d}t + \int_{-\infty}^{\infty}[(\mp\sqrt{2}\sec(ht)\cdot\tan(ht))f\cos(w(t+t_0))]\mathrm{d}t \\ &= -\frac{4}{3}k + \sqrt{2}f\frac{\pi w\cdot\sin(wt_0)}{\cos\left(h\left(\frac{w\cdot\pi}{2}\right)\right)} \end{aligned} \tag{6-7}$$

令 $M(t_0) = 0$，可得

$$\frac{4}{3}k = \pm\sqrt{2}f\frac{\pi w\cdot\sin(wt_0)}{\cos\left(h\left(\frac{w\cdot\pi}{2}\right)\right)}$$

解得

$$\sin(wt_0) = \pm\frac{4k\cos\left(h\left(\frac{\pi\cdot w}{2}\right)\right)}{3\sqrt{2}f\pi w}$$

求解不等式

$$\left|\pm\frac{4k\cos\left(h\left(\frac{\pi\cdot w}{2}\right)\right)}{3\sqrt{2}f\pi w}\right| < 1 \tag{6-8}$$

式中，k 为阻尼比；f 为周期策动力幅值；w 为周期策动力频率。

下面讨论混沌阈值 $R(w) = \dfrac{f}{k}$ 的取值范围。

（1）当 $\dfrac{f}{k} > 0$ 时，解得 $\dfrac{f}{k} > \dfrac{4\cos\left(h\left(\dfrac{\pi w}{2}\right)\right)}{3\sqrt{2}\pi w}$，阈值为 $R(w) = \dfrac{4\cos\left(h\left(\dfrac{\pi w}{2}\right)\right)}{3\sqrt{2}\pi w}$。

（2）当 $\dfrac{f}{k} < 0$ 时，解得 $\dfrac{f}{k} < -\dfrac{4\cos\left(h\left(\dfrac{\pi w}{2}\right)\right)}{3\sqrt{2}\pi w}$，阈值为 $R(w) = \dfrac{4\cos\left(h\left(\dfrac{\pi w}{2}\right)\right)}{3\sqrt{2}\pi w}$。

在 Duffing 方程进行强噪声背景下的信号检测中，关键的一点就是调整内置信号 f 幅值的大小，使其略小于阈值 f_d，使得系统处于临界混沌状态，从而检测待检信号中有没有周期信号。当 $f > f_c$ 时，系统进入混沌状态，直到 $f > f_d$ 时，系统进入大尺度周期运动状态。

6.3　网络流量的时频域分析

从网络体系架构的角度来看，网络流量是一切网络异常检测、防御研究的基础，网络的行为特征往往可以通过其承载流量的动态特性来反映[85]。因此从网络流量的包过程出发，通过对正常网络流量和异常流量的时频域分析，比较出具体差异，进而推导出适用于 LDoS 攻击检测的改进型 Duffing 检测系统。

6.3.1　正常 TCP 流量的时域分析

长期以来，人们一直认为网络流量是短相关的，都试图利用符合泊松分布的短相关模型来描述网络流量。直到 1994 年，Leland 等使用高精度的网络监测设备，通过对 Bellcore MorriSR/D 中心的以太网采集数百万个数据包的深入研究发现，网络流量具有复杂的尺度特性[107]。具体表现为：当时间尺度较大时，网络流量表现为自相似特性；而当时间尺度减小到报文的往返时间以下时，网络流量表现为多重分形特性。

以某大学校园网一周的流量统计为例，时间为 2006 年 5 月 22～28 日，统计时间间隔 $\Delta = 3600\text{s}$，如图 6-6 所示[7]。从整体的统计结果可以看出，当时间尺度达到 24h 时，校园网的统计流量表现出明显的自相似特性。统计每天流量的最高时段、最低时段基本重合，流量峰值大小相差不大。

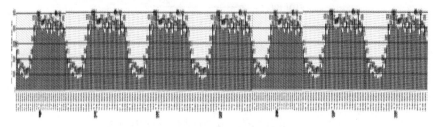

图 6-6　某大学校园网流量统计

从图 6-6 可以得到，表征网络流量自相似特征的 Hurst 指数（H）在 7 天时间内变化很小，同时对网络流量按照协议分类，发现网络流量中 80%以上是 TCP 流。

在 Linux 环境下，利用 NS-2 网络仿真工具，构建 6 个节点的哑铃状网络拓扑结构，如图 6-7 所示。

其中，各个链路延时均为 10ms，除瓶颈链路带宽为 10Mbit/s 以外，其他均为 100Mbit/s；节点 1、节点 2 是正常 TCP客户；节点 3、节点 4 为瓶颈链路上的路由器节点；节点 5、节点 6 作为 TCP 服

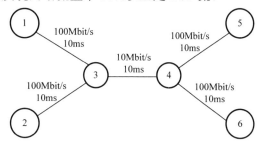

图 6-7　哑铃状网络拓扑

务器。此网络拓扑结构用于模拟正常 TCP 流的包统计特性，如图 6-8 所示。

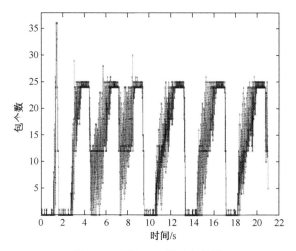

图 6-8　正常 TCP 流的包统计

由图 6-8 可以发现，正常的 TCP 流量的数据包的传输与 RTT 相关，呈现一定的周期性。TCP 流量的周期特性可以解释为，在网络中的任意一个点上对网络流量进行监测，在一个 RTT 内，就会观察到属于同一个 TCP 流量的其他数据包经过该点。

通过对实际的网络流量数据研究，验证了大流量网络中 TCP 流在 RTT 范围内呈现的周期性。采用 100Mbit/s TCP 流量数据的研究结果如表 6-1 所示。

表 6-1　TCP 流周期性验证

名称	TCP 流	非 TCP 流
具有周期性的流量	81.8%	15.7%
不具有周期性的流量	18.2%	84.3%

6.3.2 正常 TCP 流量的频域分析

随着互联网的蓬勃发展，网络流量日趋复杂。传统的基于网络流量时域特征的异常检测已经不能满足网络监测的需求。在此背景下，研究学者将 DSP 技术引入网络异常检测，网络特定节点的数据包个数进行周期性采样，并把采样值作为一个时域信号序列，利用离散傅里叶变换或快速傅里叶变换，得到网络流量的功率谱信息特征来监测网络异常[108]。

由于 Internet 大部分业务数据流受 TCP 拥塞机制控制，各 TCP 连接每隔 RTT 出现一次流量高峰，所以单个 TCP 流量呈现一定程度的周期性变化规律，并且其周期性与 RTT 紧密相关。

在如图 6-7 所示的实验环境下，模拟单个 TCP 流的通信过程，利用数学工具 MATLAB 将采样得到的数据包个数进行功率谱变换，如图 6-9 所示，图中峰值点对应动态变化的 RTT，分散至各频段。

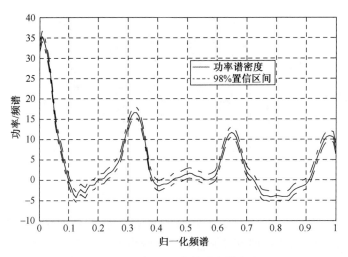

图 6-9　正常 TCP 流的功率谱密度

6.3.3 混合流量的时频分析

在如图 6-7 所示的实验环境下，在源端路由器加入两个基于 UDP 服务的 LDoS 攻击源，其中接入带宽均为 100Mbit/s，链路延时均为 10ms，攻击发起于 2s，在 20s 时停止攻击。图 6-10 是对瓶颈链路上路由器每隔 10ms 采样的结果[38]，图 6-11 是其功率谱密度图[38]。

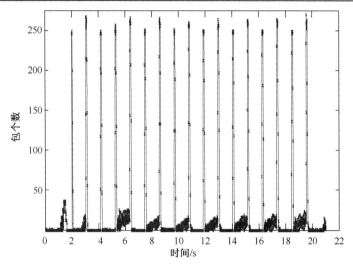

图 6-10　混合流量的包统计

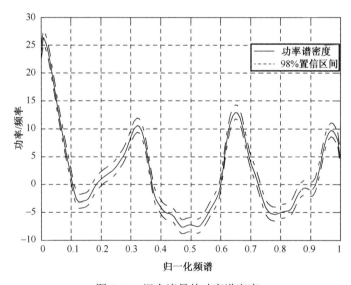

图 6-11　混合流量的功率谱密度

6.4　基于 Duffing 振子检测 LDoS 攻击的核心算法

基于 Duffing 振子检测 LDoS 攻击的核心是利用间歇混沌（又称为阵发混沌）现象，将处理后的 LDoS 攻击流量作为 Duffing 振子非线性项扰动，通过观测系统的相变达到检测 LDoS 攻击的目的。

6.4.1 检测思路

间歇混沌是非线性系统在时间和空间上表现出的有序和无序交替出现的特殊动力学形态。在某些时空段，运动十分接近规则的周期运动；而在规则的运动段落之间，又夹杂着看起来很随机的跳跃[106]。

间歇混沌现象是由于 Duffing 振子的周期策动力幅值在系统相图进入大尺度周期状态的阈值附近周期性消长而引起的[109]，如图 6-12 所示。

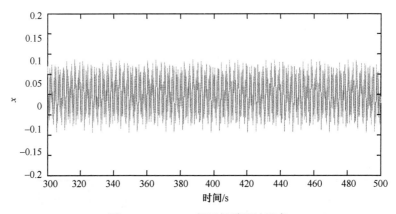

图 6-12 Duffing 振子间歇混沌现象

一般通过间歇混沌现象来检测周期信号的方式，基本上可以分为两类：①将待测信号作为系统阻尼比的乘性扰动因子；②将待测信号以系统非线性项的乘性扰动因子加入系统。

针对 LDoS 攻击检测的问题，通过对正常网络流量和异常流量分析得出：LDoS 攻击实质上是隐藏在以 RTT 为周期的 TCP 背景噪声下周期的"微弱"方波信号。

结合 LDoS 攻击模型及原理，LDoS 在 2～3 个 RTT 内，以接近瓶颈链路带宽的速率向目标主机发送 UDP 包，由于 UDP 包通常非常小，导致在攻击时刻链路流量峰值远高于正常情况，比较图 6-10 的峰值大小可以证实这种情况的存在。因此，通过预先设定合理的门限值来消除 TCP 背景噪声（正常网络流量）对系统的影响，再将处理后的流量作为 Duffing 振子非线性项扰动，通过观测系统的相变达到 LDoS 攻击检测的目的。

具体思路是：在实验初期，通过调整 Duffing 振子让系统处于混沌状态向周期状态转变的边缘。在实验中，将预处理后的待检测信号通过 Duffing 振子系统，由于异常流量中的合法流（TCP 流）虽然很强烈，但只是局部改变系统的相轨迹，所以很难引起系统的非平衡相变。而待检测流量中隐藏有攻击流量，即使平均速率很低，也会导致振子向周期状态迅速过渡。在攻击间歇期，系统因为没有激励而再度恢复到之前的混沌状态。LDoS 攻击一般是以 min RTO 为周期的方波（异步 LDoS 攻击），所以系统反复跃迁于混沌状态和大尺度周期状态。

6.4.2 LDoS 攻击检测模型的建立

通过综合权衡检测系统的稳定性、复杂程度、检测率等性能方面的要求，选用对 Duffing 系统非线性项的乘性扰动来进行间歇混沌，进而检测 LDoS 攻击的方案。对式（6-1）中的非线性恢复力进行改进，并将待测信号作为非线性项的系数，确定检测系统的数学模型为

$$x'' + k \cdot x' - x^3 + [1 + a \cdot (S(t) - \varphi_{\max}(t_0))]x^5 = f \cdot \cos(wt) \qquad (6\text{-}9)$$

式中，$S(t)$ 为待测信号，是采样到达检测路由器包的离散信号序列；$\varphi_{\max}(t_0)$ 表示正常流量在 t_0 时刻取得的最大幅值；$f \cdot \cos(wt)$ 为系统内置信号；$S(t) = L(t) + M(t), t = n\varDelta$，$n \in N$，是由正常流量 $L(t)$ 和恶意流量 $M(t)$ 组成的一个宽平稳随机过程，$\varDelta$ 为采样时间间隔，这里是 10ms，N 是正整数。

由式（6-9）构造的检测系统仿真模型如图 6-13 所示[38]。图中，Sine Wave 表示正弦信号，Add 表示求和，Fcn 表示函数，Gain 表示增益，Integrator 表示积分。Gain2、Gain1、Gain 都是 w 的参数（$\text{Gain2} = w^2, \text{Gain1} = w/2, \text{Gain} = 1/w$），通过 Gain3 将待检测流量作归一化处理，From Workspace 表示从工作空间读数 XY Graph 输出系统相图，系统的时域波形通过 Scope 展示。

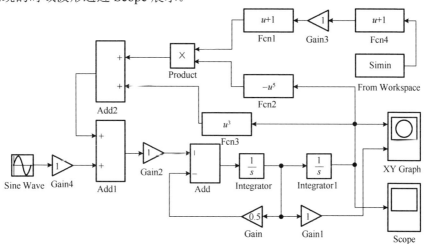

图 6-13　LDoS 攻击检测系统框图

6.4.3 LDoS 攻击参数的估计

根据 6.3.3 节的 LDoS 攻击流量分析结果，LDoS 攻击可以用一个三元参数组（T，L，R）来描述，攻击速率 R 是一个相对固定的值，即瓶颈链路带宽大小。因此，对攻击参数的估计问题可以简化为对攻击周期、攻击脉宽的估计。下面就这两个参数的估计方法进行说明。

1. LDoS 攻击周期估计

通过前面对阵发混沌形成机理的分析，结合 LDoS 攻击模型和原理，以及网络流量的时域分析可以发现，对 LDoS 攻击周期的估计实质上是精确地计算 Duffing 系统阵发混沌的周期。

能够对阵发混沌系统特性变化进行准确判别是计算阵发混沌周期的前提。因此下面给出基于双 Duffing 振子的差分混沌系统来计算阵发混沌的周期，如图 6-14 所示。该系统能够很好地抑制系统共模干扰，突显系统时域状态的变化，从而指导读者更加精确地估计 LDoS 攻击周期。在实际估算过程中，选择系统时域波形中相邻峰值的平均间隔作为攻击周期的估计值。

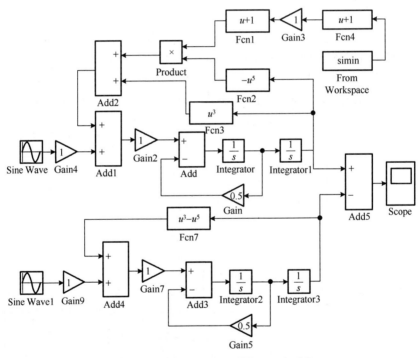

图 6-14 双 Duffing 振子的差分混沌系统

2. LDoS 攻击脉宽估计

攻击脉宽是指在一个攻击周期内攻击者发包的持续时间，一般大小为 2~3 个 RTT。从系统时域波形的分析可以发现，当存在攻击的时候，系统峰值明显增大。这里选取 TCP 流量通过系统时引起的时域最大峰值为预设阈值，把受攻击后相邻峰值间隔内超过预设阈值的时间长度作为样本，取样本均值作为攻击脉宽的估计。

6.5　实验和结果分析

前面对 LDoS 攻击及其对正常流量的影响作了定性分析，并给出了攻击检测以及具体参数估计的思路和方案。本节通过实验来验证检测方法的正确性和有效性。本节在目前被学术界广泛使用的网络仿真平台 NS-2 上对低速率拒绝服务攻击进行了模拟，同时在数学处理工具 MATLAB 的 Simulink 模块上搭建了 Duffing 检测系统，共同完成验证工作。

6.5.1　仿真环境搭建

设计的仿真环境如图 6-15 所示，它是一个哑铃状的网络拓扑结构。

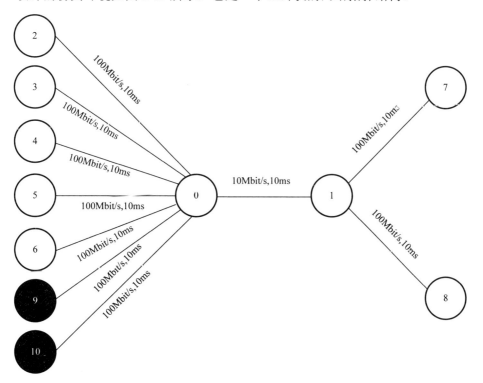

图 6-15　LDoS 攻击仿真环境

在仿真环境中设置了 5 个正常发送节点（节点 2～节点 6），黑色实心节点 9 和 10 代表两个攻击源，节点 7、节点 8 分别为 TCP 和 UDP 服务器，两个路由器分别用节点 0 和节点 1 表示。

正常节点与节点 7（TCP 服务器）之间开启 FTP 传输，攻击源节点与节点 8（UDP 服务器）之间传输 UDP 攻击流量，包括瓶颈链路在内的所有链路单向延时为 10ms。

TCP 正常节点所使用的拥塞控制协议为 TCP Reno。检测节点位于路由器 1 的前端，采样间隔为 10ms。具体参数见表 6-2。

表 6-2　仿真参数设置

参数	值	参数	值
攻击者带宽	100Mbit/s	攻击者数目	2
正常使用者带宽	100Mbit/s	最大报文段大小	1376B
瓶颈链路带宽	10Mbit/s	攻击周期	1～2s
合法用户数目	5		

实验开始于 0s，在 121s 时结束。正常 TCP 流量在 1s 后的某个随机时间开始生成，结束于 121s；攻击流（UDP）稍晚，在 20s 的时候产生，结束于 120s。同时设置检测系统策动力频率 $\omega = 100$rad/s，仿真表明系统阈值为 0.73123 时，系统处于临界混沌状态。

6.5.2　正常流仿真

通过调整节点 9、节点 10 的开启时间，同时挂起节点 8 内 UDP 服务器，得到待检测流量中只存在背景 TCP 流量情况下的包统计特性，如图 6-16 所示[38]。

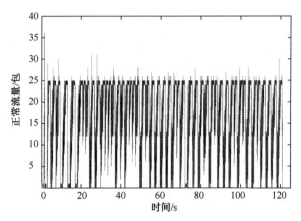

图 6-16　正常流量的包统计

通过对图 6-16 分析可知，正常流量具有以下规律。

（1）瓶颈链路上虽有多个 TCP 服务同时进行，但是受限于瓶颈链路的带宽，包统计特性曲线存在最大值。

（2）通过观察图中的曲线变化趋势可以发现：在小时间段内正常流量的增长符合指数规律，在到达最大值后持续一段时间，然后急剧下降。从更大的时间段来看，正常流量具有很高的相关度。

将 NS-2 中采样得到的正常流量的包统计特性作为激励（离散信号序列），通过预先在 Simulink 中搭建好的检测系统，由于在流量的预处理过程中，设定了合理的门限值，所以可以近似认为 $S(t) - \varphi_{\max}(t_0) = 0$。因此 Duffing 振子几乎没有受到扰动，系统相图一直处于混沌状态，如图 6-17 所示[38]。

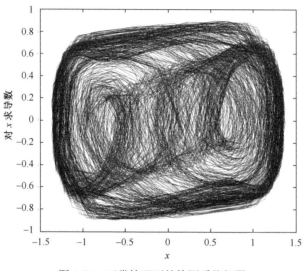

图 6-17　正常情况下的检测系统相图

系统输出的时域波形如图 6-18 所示[38]。通过观察可以发现，系统的时域波形围绕零点在做等幅振荡，而且最大幅度值接近 1.5。系统轨迹形态可以解释为，线性振子和系统本身的非线性不相上下，系统在非线性奇点来回跃迁振荡。

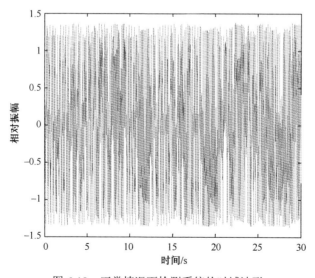

图 6-18　正常情况下检测系统的时域波形

6.5.3　异常流仿真

调整节点 9 和节点 10，使得其在 20s 时产生 LDoS 攻击，攻击周期设置为 1s，攻击脉宽设置为 100ms，攻击速率设置为 7Mbit/s，同时开启节点 8 中的 UDP 服务，通过采样得到异常流量，如图 6-19 所示[38]。

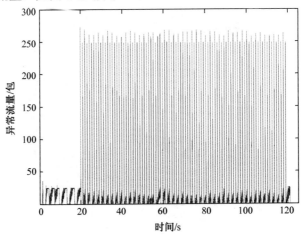

图 6-19　异常流量的包统计

对比图 6-16 和图 6-19 发现，因为受到 LDoS 攻击，采样得到的数据包统计特性在 20s 时发生明显改变，具体表现：在 20s 过后包的统计个数周期性地激增，包统计特性曲线不再平滑。同样将采样数据作为激励，通过检测系统得到系统间歇混沌相图，如图 6-20 所示[38]。

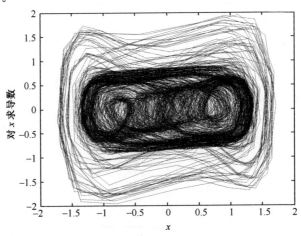

图 6-20　异常情况下的检测系统相图

图 6-21 是异常流量通过检测系统后，系统输出的时域波形。20s 后，由于存在 LDoS

攻击，系统的非线性受其影响，出现波动。具体表现：当攻击出现时，系统输出明显增大；在攻击间隙期，由于扰动因子近似为零，系统时域输出大幅度减小[38]。

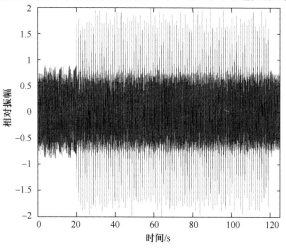

图 6-21　异常情况下检测系统的时域波形

通过对比图 6-18 和图 6-21 可以发现：当存在 LDoS 攻击时，系统的相图边缘明显增大，并且系统阵发混沌，具有强烈的进入大尺度周期状态的趋势。通过比较系统的时域波形也可以直观地发现系统输出幅度明显增大，最大幅度值接近 2。

6.5.4　参数估计

利用双 Duffing 振子差分混沌系统，对攻击周期以及攻击脉宽进行估计。实验时预先设置攻击参数，固定攻击脉宽为 100ms，攻击周期以 0.1s 为步长，变化于 1～2s，分别进行 11 次实验。将实验数据通过检测系统，计算相邻波峰间隔，取平均值作为攻击周期的估计值，结果如图 6-22 所示[38]。

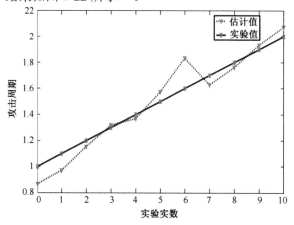

图 6-22　L=100ms 时，攻击周期估计值

　　图 6-22 中的实线表示实验前预先设定的真值，虚线代表通过检测系统的估计值。通过对比两条线发现，除第六次实验结果外，其余估计值都在允许的误差范围内。最大相对误差为(1.843−1.6)/1.6=15.18%。

　　在对攻击脉宽的估计过程中，预先固定攻击周期为 1s，攻击脉宽以 10ms 为步长，变化于 110～210ms。同样将实验获得的数据通过检测系统，取相邻波峰间隔内超过系统阈值的时间长短为样本，将样本均值作为攻击脉宽的估计，结果如图 6-23 所示[38]。

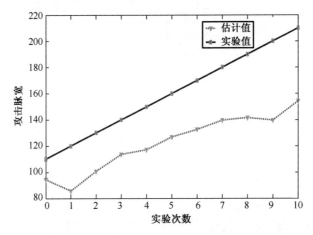

图 6-23　T=1s 时，攻击脉宽的估计值

　　图 6-23 中的实线表示实验前预先设定的真值，虚线代表通过检测系统的估计值。从图中可以发现，估值脉宽略小于实际设定的大小。最大相对误差为(200−139.7)/200 = 30%，发生在第九次实验中。

6.6　本 章 小 结

　　LDoS 攻击的平均流量较小，隐藏在巨大的正常网络流量中。本章将基于 Duffing 振子的微弱信号检测应用到 LDoS 攻击流量的检测中，作为混沌理论在弱信号检测中的一个经典应用，提出了基于 Duffing 振子的 LDoS 攻击检测方法。与其他检测方法相比，混沌检测方法不需要预先估计周期，系统实现简单，并且在背景噪声远强于攻击信号时，检测效果依然理想。

第7章　基于小信号模型的LDoS攻击检测方法

在LDoS攻击中，由于单条攻击流量只占全部流量的10%～20%[3,4]，所以可将LDoS攻击定义为小信号，而将正常流量视为背景噪声，那么从混合流量中检测LDoS攻击的问题就转变成了从背景噪声（正常TCP流量）中检测出小信号（LDoS攻击）的方法。本章提出基于小信号模型的LDoS攻击检测方法，该方法通过构造特征值估算矩阵，对30s时间内（3000个采样点）到达的数据包个数进行统计，用漏值多点数字平均原理估算LDoS攻击周期，并将统计值与设定的判决特征值门限进行比较，用于指示正常流量和包含LDoS攻击的混合流量（满足小信号模型）之间的区别，作为判断有无LDoS攻击的依据。如果判定存在LDoS攻击，则通过特征值估算矩阵可较精确地计算出LDoS攻击周期值。

7.1　TCP和LDoS攻击流量分析

在利用小信号模型进行LDoS攻击检测的方法中，背景噪声为TCP流量，而小信号为LDoS攻击流量。为了找出了TCP和LDoS攻击流量间适用于检测的特点，首先对单条TCP和LDoS攻击流量进行时频域分析。

7.1.1　TCP流量分析

通过对网络流量按照协议分析表明：网络流量中95%以上的是TCP[51,110]。研究表明：正常TCP流量数据包的传输与RTT相关，呈现一定的周期性[12]。TCP的周期性如图7-1所示[33]。

TCP流量的周期特性可以解释为：在网络中的任意一个点上对网络流量进行观察，在一个RTT时间内，会观察到属于同一个TCP流量的其他数据包经过该点。为方便分析，将其简化为单条TCP时间-流量关系简化图，如图7-2所示。

在图7-2中，A点对应的时间TCP在发包；B点所处时间为TCP间歇期（发送窗口大小不够一个包）。这样，当多条TCP形成复合流时，在一段时间内就会出现不同的流量值。

研究中采用实际的网络流量数据验证了大流量网络中TCP流在RTT范围内呈现的周期性[12,13]。采用100Mbit/s TCP流量数据的研究结果如表7-1所示。

表7-1　TCP流周期性验证结果

名称	TCP流	非TCP流
具有周期性的流量	81.8%	15.7%
不具有周期性的流量	18.2%	84.3%

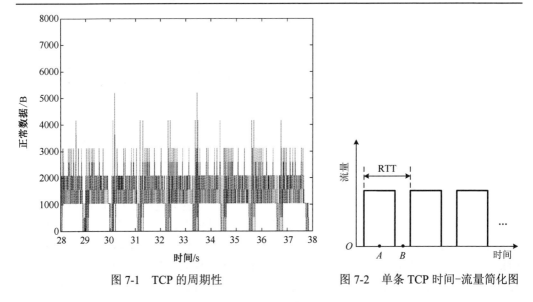

图 7-1　TCP 的周期性　　　　　　　　图 7-2　单条 TCP 时间-流量简化图

基于小信号模型的 LDoS 攻击检测方法中将正常 TCP 流量作为背景流量（噪声），针对 FTP 的应用，得到正常 TCP 流量随时间变化的统计结果如图 7-3 所示[33]。

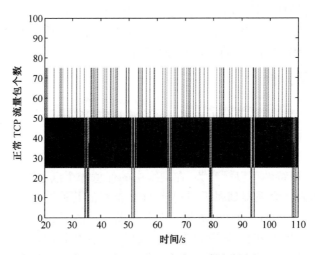

图 7-3　正常 TCP 流量（FTP 客户，采样时间为 10ms）

7.1.2　LDoS 攻击流量分析

基于小信号模型的 LDoS 攻击检测方法是针对基于超时重传机制的异步攻击模型，而基于超时重传机制的异步攻击模型在 1.2 节 LDoS 攻击原理中已经列出，这里不再赘述。

由于大部分系统的 TCP 的 min RTO=1s，因此，选取 $T > 1000ms$；瓶颈链路带宽选取 1Mbit/s；中间路由器队列大小选取 100 个数据包；L 取 250ms，R 取 1Mbit/s。在实验中，选取正常 TCP 流量作为背景流量（噪声）；UDP 流量作为攻击流量。实验记录其中一次攻击中的攻击流量（UDP）和合法用户流量（TCP）随时间变化的统计图分别如图 7-4 和图 7-5 所示[33]。

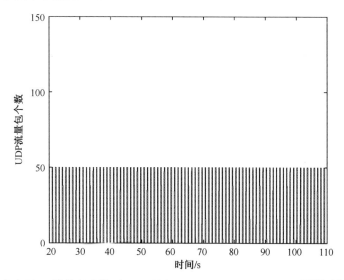

图 7-4　攻击中 UDP 流量包个数（R=1Mbit/s，L=250ms，T=1100ms，采样时间为 10ms）

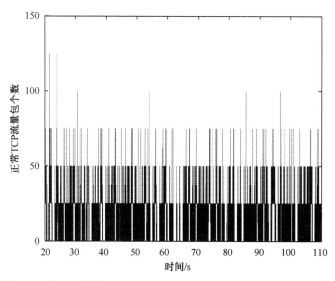

图 7-5　攻击中 TCP 流量包个数（R=1Mbit/s，L=250ms，T=1100ms，采样时间为 10ms）

正常流量与攻击流量的混合流量随时间变化的统计图如图 7-6 所示[33]。

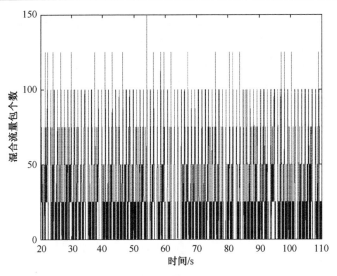

图 7-6　混合流量（采样时间为 10ms）

比较图 7-5 和图 7-6 可以看出，它们之间的差异并不明显，攻击流量完全隐藏在正常流量中。统计表明，每个攻击流量只占混合流量的 18.85%。由上述分析可以将 LDoS 攻击定义为小信号，由于 LDoS 具有一定的周期性，故称其为周期小信号。攻击方只需发送周期性的小信号便能达到攻击的目的。因此，从图 7-6 所示的混合流量中检测 LDoS 攻击的问题就变成从背景噪声（正常 TCP 流量）中检测小信号（LDoS 攻击）的问题[111, 112]。

7.2　基于小信号检测理论的 LDoS 攻击检测

大部分小信号检测理论的背景噪声近似为均值为 0 的高斯白噪声，其功率谱密度近似于全频域内等值。正常 TCP 流量虽可视为噪声，然而当统计单位为字节时其功率谱密度并不与白噪声功率谱密度类似，这就使这些小信号检测理论在这里的应用受到限制，而采用漏值多点数字平均原理来检测小信号可以很好地解决这一问题。

7.2.1　漏值多点数字平均原理

漏值多点数字平均原理是一种微弱周期信号的检测方法[111]，其原理是：对周期为 T 的周期小信号，抽样间隔为 T_s，假定 $T = nT_s + hT_s (0 \leqslant h < 1)$。构造一个 $m \times n$ 的矩阵 $\boldsymbol{M}$，每 n 个采样占据该矩阵的一行，若采样点为 S 个，则 $m = \left\lceil \dfrac{S}{n} \right\rceil$。

如果 $h=0$，则采样过程在时间上无偏差。小信号（确定值）和强噪声各累加 m 次。累加后，最大值远大于最小值，会产生较大的峰谷差值。

如果 $h \neq 0$，对于周期确定的小信号，由于周期不是抽样间隔的整数倍，在时间上将产生误差积累，从而造成各周期抽样点数并不完全相同，而这里要求以各个周期具有相同抽样个数实现叠加。

因此，对于微弱信号的检测，可以分为已知周期和未知周期两种情况。

1. 周期确定的小信号

对每个周期的抽样可分成两类：①每个周期具有 n 个抽样点；②每个周期有 $n+1$ 个抽样点。第二类抽样判别及化归第一类抽样的方法。第 k 次抽样后（对第 k 个周期的抽样），定义余量 $R = k \dfrac{T-nT_s}{T_s} = kh$。如果 $kh<1$，则说明第 k 周期具有 n 个抽样点。如果经过 k_1 次抽样后，$R = k_1 h > 1$，则说明第 k_1 周期一定具有 $n+1$ 个抽样点，即为第二类抽样。丢掉 k_1 周期内第 $n+1$ 个样值点，使 k_1 周期具有 n 个抽样点，化归第一类抽样。经过 k_2 次抽样后，$R = k_2 h \geq 2$，说明第 k_2 周期是第二类抽样，丢掉第 k_2 周期内第 $n+1$ 个抽样点，化归第一类抽样。以此类推，经过第 k_i 周期后，$R = k_i h \geq i$，则说明第 k_i 周期为第二类抽样。同理，把第 k_i 周期化归第一类抽样。重复上述过程，即可使每个周期都具有 n 个抽样点。在无外加同步的情况下，保证每个周期相同抽样点数的过程或对抽样点数的重新整理过程称为漏值取样。每个周期的抽样对应 **M** 矩阵的一行，把各行中列号相同的样值进行叠加取平均值。虽然相互叠加的样值并不一定完全是同步的，但是相差一旦超过 $\dfrac{T_s}{T} 2\pi$，漏值取样将丢掉一个样值，使误差小于 $\dfrac{T_s}{T} 2\pi$，所以最大相差为

$$\frac{T_s}{T} 2\pi = \frac{T_s}{nT_s + hT_s} 2\pi = \frac{1}{n+h} 2\pi \leq \frac{2\pi}{n}$$

由于 $n \gg 1$，所以最大相差 $\Delta \varphi \ll 2\pi$，可见最大相差不随叠加次数增加而增加，即不存在误差积累。同时不难看出，相差 $\Delta \varphi$ 均匀分布在 $\left(-\dfrac{2\pi}{n}, \dfrac{2\pi}{n} \right)$，当叠加次数足够大时，其平均值趋近于 0，即叠加误差很大程度上相互抵消。在无外加同步并建立在漏值取样的基础上，用多点数字平均的方法实现的准同步叠加称为漏值多点数字平均。可以看出，漏值多点数字平均虽然存在误差积累，但很容易实现对周期已知的微弱信号的检测和恢复。

2. 周期未知小信号

对于周期未知小信号，可采用如下算法。

假设周期为 T 的信号 $S(t)$ 的最大值、最小值分别为 S_{max}、S_{min}。定义 D 为峰谷差

值，则 $D = S_{max} - S_{min}$。以 T 为叠加间隔进行漏值多点数字平均，所得峰谷差值 $\bar{D} = \bar{S}_{max} - \bar{S}_{min}$，其中 $\bar{S}_{max}$、$\bar{S}_{min}$ 为叠加后的最大值和最小值。由于是同步叠加平均，所以 $\bar{S}_{max} = S_{max}$，$\bar{S}_{min} = S_{min}$，显然 $\bar{D} = D$。如果周期信号 $S(t)$ 不存在或者周期不为 T，则 $\bar{D} \ll D$，利用这一特性可以判断是否检测到周期为 T 的信号。确定一门限 s，如果 $\bar{D} \geq s$，则将该值记录在一个数组 P 中，信号周期搜索过程结束后，取 P 中各元素的均值作为周期预测值；如果 P 不存在，则说明检测到无周期信号。门限 s 的大小由小信号的最大瞬时功率、最小瞬时功率以及噪声统计特性决定，$\bar{D}$ 可称为判决特征值。

7.2.2　小信号检测理论

对于检测者而言，LDoS 攻击有很多参数是未知的，其中周期就是一个重要的未知参数。因此，LDoS 攻击又属于未知周期的小信号，所以基于小信号模型的 LDoS 攻击检测方法的核心问题如下。

（1）检测周期小信号的存在。

（2）确定未知周期小信号的周期。

可以运用 7.2.1 节提到的漏值多点数字平均原理检测 LDoS 攻击的周期特性，其检测方法如下。

对于周期为 T 的周期小信号，抽样间隔为 T_s，假定 $T = nT_s + \Delta T_s (0 \leq \Delta < 1)$。构造一个 $m \times n$ 的矩阵 M，每 n 个采样占据该矩阵的一行，若采样点有 sum 个，则 $m = \left\lceil \dfrac{sum}{n} \right\rceil$。对每列的 m 个值求平均，矩阵变为 n 维向量，求出其中最大值和最小值之差 V_{JG}。根据 Δ 的不同，搜索间隔可分为两类：$\Delta \neq 0$ 时抽样间隔存在误差积累，到一定程度会使搜索间隔内出现 $n+1$ 个，此时舍去最后一个；$\Delta = 0$ 时不会出现这种情况。

假设信号 $Atk(t)$ 的周期为 T（未知量），其最大值、最小值分别为 Atk_{max} 和 Atk_{min}。定义 D 为峰谷差值，则 $D = Atk_{max} - Atk_{min}$。以 T 为叠加间隔进行漏值多点数字平均，所得峰谷差值 $V_{JG} = \overline{Atk_{max}} - \overline{Atk_{min}}$，其中 $\overline{Atk_{max}}$、$\overline{Atk_{min}}$ 为对 M 矩阵按列平均后得到的向量的最大值和最小值。若以 T 为间隔同步叠加，则 $\overline{Atk_{max}} = Atk_{max}$，$\overline{Atk_{min}} = Atk_{min}$，显然 $V_{JG} = D$。如果周期信号 $Atk(t)$ 不存在或叠加不同步，则 $V_{JG} \ll D$。确定一个门限 thr，如果 $V_{JG} \geq thr$，则将该值记录在一个数组 P 中。信号周期搜索过程结束后，取 P 中各元素的均值作为周期预测值；如果 P 不存在，则说明检测到无周期小信号。这里，V_{JG} 称为判决特征值。

7.2.3　小信号理论检测 LDoS 攻击

在图 7-6 所示的混合流量中，如果存在 LDoS 攻击，按照流量包个数统计的结果显示，单条 TCP 就会出现较大的峰谷差值（统计单位为包个数），如图 7-7 中 A、B 两点所示。

对于多条 TCP 的情况同样会出现较大峰谷差值。把图 7-6 中的局部进行放大后得到图 7-8 所示的多条 TCP 流和攻击流的混合流，将其简化后得到图 7-9，其中，A、B 两点存在较大差值（超过 120 个包）。

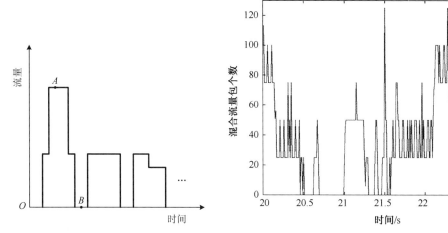

图 7-7　单条 TCP+攻击流时间-流量简化图　　　　图 7-8　多条 TCP+攻击流量图

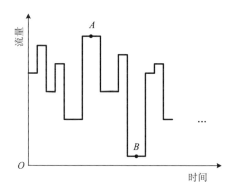

图 7-9　混合流量与小信号检测方法关系

如果以搜索周期为间隔将时间轴分成若干段，则每段相同序号的采样值经过平均后，得到的数值仍然具备峰谷差值特性。实际上，当没有 LDoS 攻击时，这种峰谷差值也存在，只是其数值远小于 LDoS 攻击存在时的情况。因此，通过流量分析得到的峰谷差值可以作为判断是否存在小信号（LDoS 攻击）的依据。

7.3　实验和结果分析

搭建的仿真网络拓扑结构如图 7-10 所示[33]，利用网络仿真软件 NS-2 在搭建的网络环境进行测试。

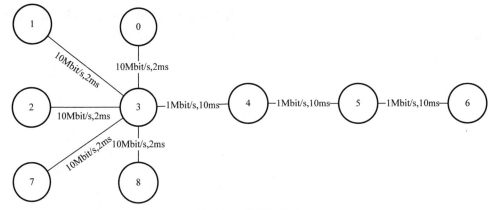

图 7-10　仿真拓扑图

在图 7-10 中，客户、攻击者与检测路由器之间的链路带宽均为 10Mbit/s，单向延时为 2ms；各路由器之间、路由器 2 与服务器之间的链路带宽均为 1Mbit/s，单向延时为 10ms。路由器的发送队列大小为 100 个数据包。LDoS 攻击的 3 个参数为 L=250ms，R=1Mbit/s，T=1100ms 和 1075ms。

实验开始于 0s，结束于 110s。3 个正常流量（TCP）在 15s 后的某个随机时间开始生成；攻击流量（UDP）在 20s 开始生成；采样时间为 10ms；周期搜索范围为 1~1.2s，搜索间隔分别为 10ms、20ms 和 50ms。选取 20~50s 的流量作为实验数据进行统计分析。

针对 LDoS 攻击时出现的异常流量，分别针对攻击周期和搜索间隔的变化情况进行实验。

7.3.1　正常流量的实验结果

为了模拟 Internet 流量，使攻击流量为正常流量的 10%~20%，仿真时将正常流量扩大 25 倍，这样攻击流量占正常流量的 18.846%。图 7-11 为没有 LDoS 攻击（采样间隔为 10ms）时的特征值分布图[33]。

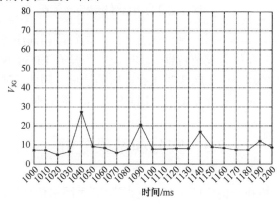

图 7-11　不存在攻击（采样间隔为 10ms）时各预测周期对应 V_{JG} 值

从图 7-11 可以看到，在各个周期预测点特征值 V_{JG} 均处于较低水平（多次实验得到的分布图结果相同）。

7.3.2　不同攻击周期的实验结果

图 7-12 和图 7-13 分别表示在采样间隔为 10ms、搜索间隔为 10ms、攻击周期 T=1100ms 和 1175ms 的两次实验中特征值 V_{JG} 的分布图[33]。从图中可以看到，对于 T=1100ms 的攻击，最大 V_{JG} 值准确出现在预测周期为 1100ms 处；对于 T=1175ms 的攻击，最大 V_{JG} 值出现在预测周期为 1170ms 和 1180ms 处。多次实验结果均证明了上述结论。为了与实际情况相符，根据检测原理，选取均值 1175ms 作为预测攻击周期。

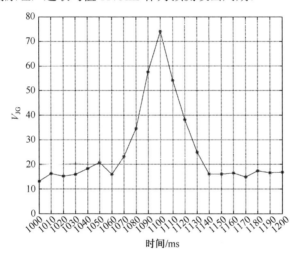

图 7-12　存在攻击（周期为 1100ms、搜索间隔为 10ms、采样间隔为 10ms）时的 V_{JG} 值分布图

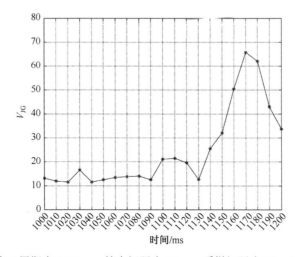

图 7-13　存在攻击（周期为 1175ms、搜索间隔为 10ms、采样间隔为 10ms）时的 V_{JG} 值分布图

7.3.3　不同搜索间隔的实验结果

图 7-14 表示采样间隔为 10ms、搜索间隔 $\Delta T = 20$ms、攻击周期为 1100ms 的实验中特征值 V_{JG} 的分布图[33]。

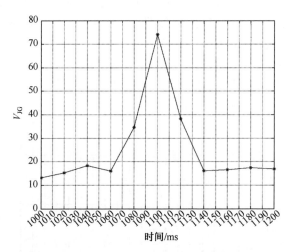

图 7-14　存在攻击（周期为 1100ms、搜索间隔为 20ms、采样间隔为 10ms）时的 V_{JG} 值分布图

此时，检测效果与 10ms 搜索间隔时差异不大。而当预测周期不为搜索间隔的整数倍时，效果较差，出现检测误差，甚至无法实施检测。

图 7-15 是攻击周期为 1175ms、搜索间隔为 20ms 时的 V_{JG} 值分布图[33]。从图 7-15 可看到，出现的相对误差为(1180−1175)/1175=0.426%。

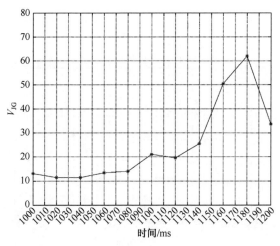

图 7-15　存在攻击（周期为 1175ms、搜索间隔为 20ms、采样间隔为 10ms）时的 V_{JG} 值分布图

图 7-16 是攻击周期为 1175ms、搜索间隔为 50ms 时的 V_{JG} 值分布图[33]，这时已无法检测。

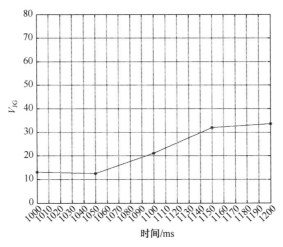

图 7-16　存在攻击（周期为 1175ms、搜索间隔为 50ms）的 V_{JG} 值分布图

7.4　攻击与检测效果测试

前面已经用 NS-2 对基于小信号模型的 LDoS 攻击检测方法进行了仿真，说明了此方法在不同攻击周期和不同搜索间隔的检测结果，为了进一步验证此方法的有效性，下面在真实环境下进行测试。

7.4.1　实验环境

在 Linux 平台下模拟 LDoS 攻击并实现攻击检测的功能，实验环境如图 7-17 所示。

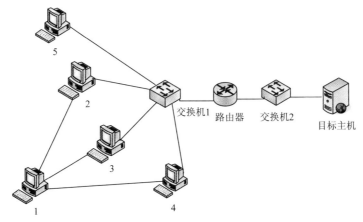

图 7-17　实验环境

图 7-17 所示的网络结构可以代表真实网络的一般特性。实验系统使用六台计算机（其中一台双网卡计算机模拟 Cisco 路由器，称为算法主机），一台 Cisco 交换机。其中，节点 1 是控制台，操作系统为 Fedora Core 4，装有本书开发工具 LDoSControl；节点 2～节点 4 是傀儡机，操作系统为 RedHat 9.0，装有 LDoSAttack；节点 5 用于产生正常流量，操作系统为 Windows XP，通过 LoadRunner 模拟正常服务。LoadRunner 是性能测试标准工具，功能强大，可以模拟 HTTP、SMTP、FTP 等绝大多数正常服务，并且具有详细直观的统计功能。

7.4.2　LDoS 攻击工具介绍

攻击工具主体包含攻击服务器端与攻击客户端，服务器端程序先植入被攻占的主机，主要用于接收攻击指令及对目标主机发起 LDoS 攻击流量，客户端的主要功能是设定攻击目标、攻击持续时间、发起攻击的主机等一些攻击设置。为更好地隐藏自己的踪迹，可以选择更多级攻击跳板。

本节把安装在控制台上的客户端命名为 LDoSControl，其完成的功能主要包括以下内容。

（1）扫描傀儡网络，查看当前在线的傀儡机，生成当前可用傀儡机的 IP 列表文件，并保存成文本文件，供程序调用。

（2）给傀儡机上传包含攻击参数的 bin 文件，并向傀儡机通告攻击目标主机的 IP 地址和端口号。

（3）设定傀儡机发起攻击的时间及持续时间，发起攻击指令。

另外，把上传到傀儡机的服务器端（LDoS 攻击流量产生工具）命名为 LDoSAttack，主要功能如下。

（1）接收客户端发送的包含攻击参数的 bin 文件。

（2）接收攻击指令，精确设定攻击时刻。

（3）按照接收到的 bin 文件产生相应的攻击流量并发起攻击。

在本次实验中仅模拟了 HTTP 流量。其中目标主机用于进行攻击，它的操作系统为 Fedora Core 4，通过 Apache 提供 Web 服务，其中各个节点的 IP 地址及配置如表 7-2 所示。

表 7-2　机器配置信息

节点编号	IP 地址	操作系统	CPU/GHz	内存/MB
1	10.1.20.130	Fedora Core 4	P4 2.4	512
2	10.1.20.140	RedHat 9.0	P4 2.4	256
3	10.1.20.150	RedHat 9.0	P4 2.4	256
4	10.1.20.160	RedHat 9.0	P4 2.4	256
5	10.1.20.170	Windows XP	P4 2.4	256
目标主机	10.1.20.100	Fedora Core 4	P4 2.4	512

7.4.3　测试内容与结果

1）攻击目标信息收集

攻击端口：确定攻击目标为 10.1.20.100 后，通过对其进行端口扫描，得知其还开放了 7775 端口，于是选定攻击端口为 7775。

攻击幅度：通过 NetIQ 公司开发的专用软件 IxChariot 来测试。在节点 5 上运行后得到的结果如图 7-18 所示，其中吞吐量约为 10Mbit/s。

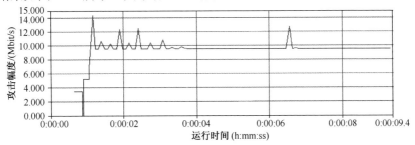

图 7-18　吞吐量

实验中利用三台傀儡机对目标主机进行攻击，选定每台傀儡机的攻击幅度为 4Mbit/s，因此需要产生一个幅值为 4Mbit/s、脉冲持续时间为 200ms、周期为 1.1s 的攻击流，运行开发的攻击测试工具，命令如下：

```
mk_dos_trace.out 0 0 10 200 1100 50 file_name.txt  //mk_dos_trace.out
                                            //为可执行程序
cd /usr/site/bin
matlab  //启用 MATLAB
a = load('file_name.txt')  //file_name.txt 从第一步中得到
pswrite('test_file.bin',a)  //得到包含攻击流参数的二进制文件 test_file.bin
```

2）正常流量的产生

正常流量是通过 LoadRunner 产生的，产生 10 个用户访问目标主机的网页。正常流量及加入攻击流量后对吞吐量的影响效果如图 7-19 所示。

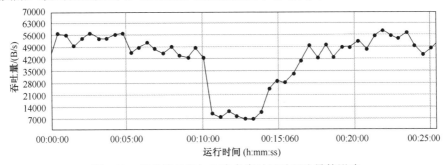

图 7-19　正常流量及加入攻击流量后对吞吐量的影响

3）没有攻击流量时以及加入攻击流量后对正常流量的影响

从图 7-19 可看出，在第 10min 时发起攻击，攻击于第 14min 结束。从正常流量的吞吐量可以看出，在第 10~14min 内，正常的 HTTP 流量明显下降。经过记录，在 0~10min，吞吐量大约是 49000B/s，在 10~14min，吞吐量下降到大约 7100B/s，攻击结束后，吞吐量是 48500B/s。对应读取页面的响应时间如图 7-20 所示。

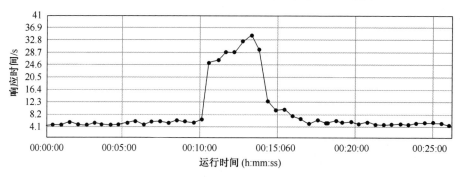

图 7-20   读取页面响应时间

从图 7-20 可看出，0~10min 读取页面的响应时间大约为 4.7s，10~14min 大约为 9~35s，14min 后大约为 4.9s。

从上面的结果可以看出，发起攻击后吞吐量下降到只有 14.49%，读取页面的响应时间大幅度上升，攻击效果明显。

7.4.4   检测过程

实验开始，先让合法用户正常下载服务器的 FTP 资源。此类实验重复 100 次，记录算法主机检测到的攻击次数，这是正常流量下的误检，称为虚警；再让攻击机加入用户正常下载服务器的 FTP 资源的过程，此类实验同样重复 100 次，记录算法主机检测到的攻击次数，这是夹杂攻击流量下的检测，称为正确检测，而没有检测到的部分称为漏警。在算法主机上每 30s 对流量进行一次统计，以包数作为单位，流量采集是利用 WinPcap 实现的，在网卡设置为混杂模式的情况下，WinPcap 能够定时、有效地抓取以太网中的数据包，这样就获得了要处理的原始数据。

7.4.5   实验结果与分析

实验结果分析主要针对检测性能、时间复杂度与空间复杂度进行研究。

1. 检测性能

为了验证基于小信号模型的检测效果，共进行了 100 次攻击检测实验。检测的时间长度取 30s；采用的信号周期为 1100ms、搜索间隔为 10ms、采样间隔为 10ms，得到的实验数据如表 7-3 所示。

表 7-3　实验数据统计

状态	次数	检测次数	漏警次数	虚警次数
正常	100	100	——	0
攻击	100	99	1	——

从表 7-3 可以看出，基于小信号模型检测的 LDoS 攻击检测的检测率为 99%、漏警率为 1%，虚警率为 0%。

2. 时间复杂度与空间复杂度

检测算法程序主循环如下：

```
for(period=MIN_PERIOD; period<=MAX_PERIOD; period=period+PERIOD_INTERVAL)
{
    col=(unsigned short)(period/SAMPLE_INTERVAL);
    y=period-SAMPLE_INTERVAL*col;
    deal=new unsigned short[col];
    for(i=0;i<col;++i)
        deal[i]=0;
    if(y==0)
    {
        for(k=0;k<len;++k)
        {
            if(k/col>i)
            {
                ++i;
                j=1;
            }
            else
                ++j;
            deal[j]+=data[k];
        }
    }
    else
    {
        float err_accumulate=0.0;
        for(k=0;k<len;++k)
            if(j<col)
            {
                deal[j]+=data[k];
                ++j;
            }
            else
```

```
                {
                    err_accumulate=err_accumulate+y;
                    ++i;
                    j=1;
                    if(err_accumulate<SAMPLE_INTERVAL)
                        deal[j]+=data[k];
                    else
                        err_accumulate=err_accumulate-SAMPLE_INTERVAL;
                }
            }
    for(i=0;i<col;i++)
        printf("%d ",deal[i]);
    printf("\n");
    d=d_func(deal,col);
    printf("%.2f\n",d);
}
```

可以看到，主循环有两层，时间复杂度为

$$O(\text{len} \cdot (\text{MAX\_PERIOD-MIN\_PERIOD})/\text{PERIOD\_INTERVAL})$$

式中，len 为采样长度。当采样间隔为 10ms，采样时常为 30s 时，len=3000。

空间复杂度为

$$O(\text{len}+\text{period}/\text{SAMPLE\_INTERVAL}) \cdot \text{sizeof(unsigned short)}$$

在上述实验条件下，估算周期为 1100ms 时，空间复杂度为 3110×2=6220B，约 6KB。这样小的时间复杂度和空间复杂度保证了检测系统可以实现低成本、高效率的正常运行。

7.5　本 章 小 结

本章介绍了基于小信号模型的 LDoS 攻击检测方法。该方法将正常流量视为背景噪声，将 LDoS 攻击定义为小信号。从混合流量中检测 LDoS 攻击的问题就转变成了从背景噪声中检测出小信号的方法。本章首先对正常 TCP 流量、LDoS 攻击（基于超时重传机制的异步攻击模型）流量和混合流量进行了分析，说明了 LDoS 检测困难的问题。然后根据 LDoS 攻击的三元特征（R, T, L），利用漏值多点数字平均原理对 LDoS 攻击的周期特性进行检测。随后用 NS-2 搭建的环境对检测方法就不同攻击周期和不同搜索间隔进行测试，同时也在真实环境中对方法进行了测试，得出基于小信号模型的 LDoS 检测方法可以准确、高效地判断是否存在攻击，以及能够精确地估计攻击周期。

第8章 基于信号互相关的 LDoS 攻击检测方法

根据分布式 LDoS 攻击脉冲到达目标端的时序关系，本章提出了基于互相关的 LDoS 攻击检测方法[39]。该方法通过计算构造的检测序列与采样得到的网络流量序列的相关性得到相关序列，采用基于循环卷积的互相关算法来计算攻击脉冲经过不同传输通道到达特定的攻击目标端的精确时间，利用无周期单脉冲预测技术估计 LDoS 攻击的周期参数，提取 LDoS 攻击的脉冲持续时间的相关性特征，并设计判决门限规则[39]，进行 LDoS 攻击流量的检测。

8.1 循环卷积的互相关算法

设 X、Y 为两个相同的异步 LDoS 攻击分布，$x(n)$ 和 $y(n)$，$n = 1, 2, \cdots, N-1$ 分别为属于这两个分布的序列，则这两个序列的相关系数 r 定义为

$$r_{xy} = \frac{\text{cov}(X, Y)}{\sqrt{D(X)}\sqrt{D(Y)}}$$

$$= \frac{\sum_n (x(n) - m_x)(y(n) - m_y)}{\sqrt{\sum_n (x(n) - m_x)^2}\sqrt{\sum_n (y(n) - m_y)^2}} \tag{8-1}$$

式中，m_x 和 m_y 分别是序列 $x(n)$ 和 $y(n)$ 的均值。

考虑到 LDoS 攻击序列在传输过程中经过不同的传输路径造成的延时不同，只求两个序列的相关系数 r 并不能完全体现出序列间的相关程度。因此，在考虑不同延时时，两个延时为 d 的序列的相关系数 $r(d)$ 定义为[37, 39]

$$r_{xy}(d) = \frac{\sum_n (x(n) - m_x)(y(n-d) - m_y)}{\sqrt{\sum_n (x(n) - m_x)^2}\sqrt{\sum_n (y(n-d) - m_y)^2}}, \quad d = 0, \pm 1, \pm 2, \cdots, \pm(N-1) \tag{8-2}$$

对于理想的 LDoS 攻击序列，求得的 $r(d)$ 如图 8-1 所示。

检测的目的就是在 $r(d)$ 序列中提取出 LDoS 攻击脉冲的特征值，如攻击周期 T 和脉冲持续时间 L。只要判定出现 LDoS 攻击，并能正确估计 LDoS 攻击的周期 T 和脉冲持续时间 L，就确定检测到 LDoS 攻击[39]。

根据式（8-2）并结合攻击序列的时序特征，从图 8-1 可以看出，在 $d = mT, m = 0,$

$1,\cdots,\dfrac{N}{T}$ 时，$r(d)$ 取最大值；在 $d=mT\pm L, m=0,1,\cdots,\dfrac{N}{T}$ 时，$r(d)$ 取最小值。并且每个波峰的宽度都为 $2L$，相邻波峰的间隔为 T。

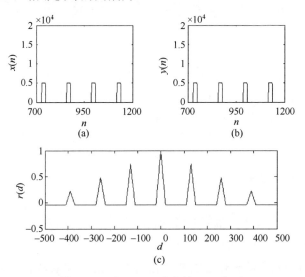

图 8-1　理想 LDoS 攻击的 $r(d)$ 序列

　　图 8-1 表明随着|d|的增大，$r(d)$ 的波峰有明显衰减。这对于提取攻击特征 T、L 是十分不利的。造成这种衰减的原因是式（8-2）的分子部分进行的是线性卷积计算。在线性卷积计算中，随着 $y(n)$ 相对 $x(n)$ 的位移 d 的增大，$y(n)$ 与 $x(n)$ 叠加的部分会减少，如图 8-2 所示[39]。

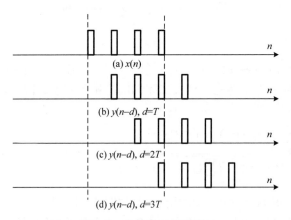

图 8-2　线性卷积计算图示

　　为了解决这个问题，本节用循环卷积代替线性卷积。对两个长度为 N 的有限序列 $x(n)$ 和 $y(n)$，它们的循环卷积 $h(d)$ 定义为[39]

$$h(d) = x(n) \otimes y(n) = \left[\sum_n x(n) * \tilde{y}(n-d) \right] R_N(d) \qquad (8\text{-}3)$$

式中，$\tilde{y}(n-d)$ 为 $y(n-d)$ 以 N 为周期的周期延拓，先计算长度为 N 的有限序列 $x(n)$ 和以 N 为周期的无限序列 $\tilde{y}(n-d)$ 的卷积，得到周期为 N 的无限序列 $\tilde{h}(d)$，再根据相对位移 d 的取值范围得到 $\tilde{h}(d)$ 的主值序列 $h(d)$，$R_N(d)$ 为门函数序列；循环卷积的计算方法如图 8-3 所示[39]。

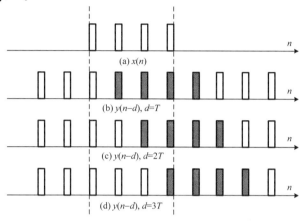

图 8-3　循环卷积计算图示

基于循环卷积的互相关算法可以定义为

$$r_{xy}(d) = \frac{\sum_n (x(n) - m_x)(\tilde{y}(n-d) - m_y)[R_N(d) + R_N(-d-1)]}{\sqrt{\sum_n [x(n) - m_x]^2} \sqrt{\sum_n [y(n-d) - m_y]^2}} \qquad (8\text{-}4)$$

对于理想的 LDoS 攻击序列 $x(n)$ 和 $y(n)$，求得基于循环卷积的 $r(d)$，如图 8-4 和图 8-5 所示[39]。

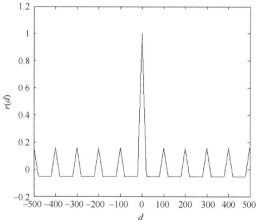

图 8-4　基于循环卷积的同步攻击 $r(d)$ 序列

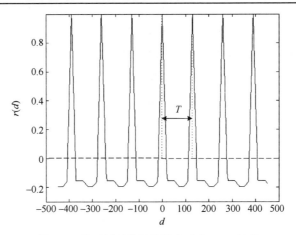

图 8-5　基于循环卷积的异步攻击 $r(d)$ 序列

从图 8-5 可以明显地看出，应用基于循环卷积的互相关算法得出的 $r(d)$ 是一个以 T 为周期的周期序列。因此，在背景流量中检测 LDoS 攻击，就是从 $r(d)$ 序列中提取 LDoS 攻击脉冲的两个相关特征 T 和 L。

8.2　基于循环卷积互相关的 LDoS 攻击检测

在实际网络环境中，攻击脉冲都是隐藏在正常流量中的，混合了攻击脉冲的混合流量与正常流量非常相似，难以检测。因此，可采用互相关算法从混合流量中提取攻击脉冲的特征，以达到检测攻击的目的。

设含有攻击脉冲的混合流量为 $g(n)$，则[39]

$$g(n) = x(n) + h(n) \tag{8-5}$$

式中，$x(n)$ 为 LDoS 攻击脉冲序列；$h(n)$ 为背景流量（本节用 TCP 流量表示背景流量）。

检测 LDoS 攻击就是检测 $g(n)$ 序列中是否隐藏有 $x(n)$ 序列，直接从 $g(n)$ 中分离 $x(n)$ 是十分困难的。因此，需要预先构造一个与 $x(n)$ 属于同分布的序列 $y(n)$，对混合流量序列 $g(n)$ 进行互相关检测，则[39]

$$r_{gy} = \frac{\text{cov}(G,Y)}{\sqrt{D(G)}\sqrt{D(Y)}} \tag{8-6}$$

假设混合流量 $g(n)$ 符合 G 分布，LDoS 攻击流量符合 X 分布，背景流量符合 H 分布。根据式（8-5）有 $G = X + H$，且认为 X 与 H 相互独立，则有

$$\text{cov}(G,Y) = \text{cov}(X,Y) + \text{cov}(H,Y) \tag{8-7}$$

$$D(G) = D(X+H) = D(X) + D(H) + 2\text{cov}(X,H) \tag{8-8}$$

则

$$r_{gy} = \frac{\text{cov}(X,Y) + \text{cov}(H,Y)}{\sqrt{D(X) + D(H) + 2\text{cov}(X,H)}\sqrt{D(Y)}}$$

$$= \frac{\sqrt{D(X)}}{\sqrt{D(X) + D(H) + 2\text{cov}(X,H)}} \cdot \frac{\text{cov}(X,Y) + \text{cov}(H,Y)}{\sqrt{D(X)}\sqrt{D(Y)}} \qquad (8\text{-}9)$$

因此

$$r_{gy} = \frac{\sqrt{D(X)}}{\sqrt{D(G)}}r_{xy} + \frac{\sqrt{D(H)}}{\sqrt{D(G)}}r_{hy} \qquad (8\text{-}10)$$

又由于 H 与 X、Y 相关程度很低，所以

$$r_{hy} \approx 0 \qquad (8\text{-}11)$$

即 $h(n)$ 与 $y(n)$ 的相关序列 $r(d)$ 近似为零，如图 8-6 所示。

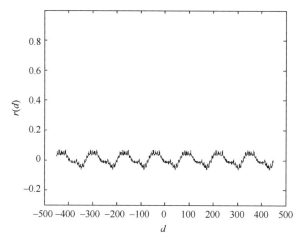

图 8-6　$h(n)$ 与 $y(n)$ 的相关序列 $r(d)$

$$r_{gy} \approx \frac{\sqrt{D(X)}}{\sqrt{D(G)}}r_{xy} \qquad (8\text{-}12)$$

$$r_{gy}(d) = kr_{xy}(d) + \sigma \qquad (8\text{-}13)$$

$$k \approx \frac{\sqrt{D(X)}}{\sqrt{D(G)}}, \quad \sigma \approx r_{hy}$$

$$r_{xy}(d) \approx \frac{1}{k}r_{gy}(d) \qquad (8\text{-}14)$$

式中，$D(G)$ 为混合流量的方差，可对混合流量采样计算得到；$D(X)$ 为攻击序列的方差，

可近似地认为 $D(X)$ 等于构造出的检测序列 $y(n)$ 的方差。根据式（8-14），可以利用混合流量 $g(n)$ 和预先构造的检测序列 $y(n)$ 计算出 $r_{xy}(d)$ ，进而从中提取 LDoS 的相关特征，检测出攻击。关于 $y(n)$ 的构造会在后面部分介绍。

在求出 $r_{xy}(d)$ 之后，首先需要设计判决规则来判定混合流量中是否混有 LDoS 攻击脉冲。这里，定义判决的参数[39]如下。

（1）采样窗口（sample window）：一定长的时间窗口，保证可以容纳足够多的异常点。

（2）敏感系数（sensitivity）：当相关系数超过这一值时，表示可能出现异常。

（3）计数器（counter）：用来统计异常范围。

（4）判决门限：用来判定是否有攻击。

互相关检测算法的流程如图 8-7 所示[39]。

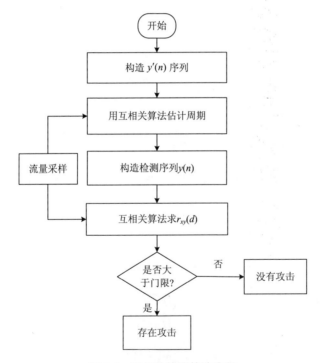

图 8-7　互相关检测算法流程

求出 $r(d), d = 0, \pm1, \pm2, \cdots, \pm(N-1)$ 后，对于 d ，从 $d = -(N-1)$ 依次检测对应 $r_{xy}(d)$ 的值，如果 $r_{xy}(d)$ 的值大于敏感系数，则计数器值加 1；如果 $r_{xy}(d)$ 的值小于敏感系数，且计数器值大于 0，则计数器值减 1。如果计数器值大于判决门限，则说明 $r_{xy}(d)$ 连续大于敏感系数，出现了波峰，判定攻击存在。

8.3　检测序列的构造

LDoS 攻击序列是脉冲强度为 R、脉冲持续时间为 L、周期为 T 的周期方波脉冲。为了保证检测效果，在构造检测序列 $y(n)$ 的时候需要精确预估计攻击序列的 R、L 和 T 的值。作为检测方，攻击脉冲的相关参数是不可预知的。因此，估计参数与实际参数之间的误差直接影响到检测性能，必须保证各参数的估计值的误差对检测结果的影响缩小到可接受的范围[39]。

8.3.1　参数 R 的预估计

R 的取值只影响 $y(n)$ 的大小，设 $Z=nY$，则[39]

$$
\begin{aligned}
r_{xz} &= \frac{\mathrm{cov}(X,Z)}{\sqrt{D(X)}\sqrt{D(Z)}} = \frac{\mathrm{cov}(X,nY)}{\sqrt{D(X)}\sqrt{n^2 D(Y)}} \\
&= \frac{n\,\mathrm{cov}(X,Y)}{\sqrt{D(X)}n\sqrt{D(Y)}} = r_{xy}
\end{aligned}
\tag{8-15}
$$

根据式（8-15）得知，对 R 值估计的误差 δ（$\delta = \hat{R} - R$）对检测结果没有任何影响。因此，在构造检测序列 $y(n)$ 时，R 一般取链路瓶颈的大小。

8.3.2　参数 L 的预估计

设 $x(n)$、$y(n)$ 的脉冲持续时间分别为 L、$\hat{L}$，当 $L=200\mathrm{ms}$，而 $\hat{L}$ 分别取 100ms、400ms 时，$r(d)$ 序列如图 8-8 和图 8-9 所示。

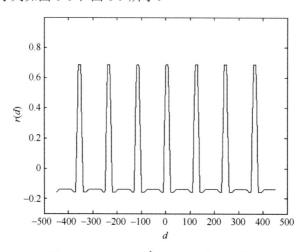

图 8-8　$L=200\mathrm{ms}, \hat{L}=100\mathrm{ms}$ 时 $r(d)$ 序列

从图 8-8 和图 8-9 可以看出，参数 L 估计的误差对 $r(d)$ 序列的周期没有影响。它主要影响每个波峰的形状，当 $\hat{L}$ 过大时，波峰形状由三角波变为梯形波。下面分析估计误差对 $r(d)$ 峰值的影响。

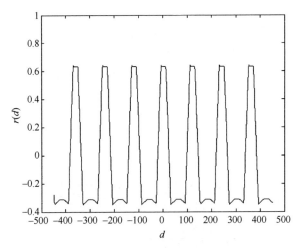

图 8-9　$L = 200\text{ms}, \hat{L} = 400\text{ms}$ 时 $r(d)$ 序列

首先给出 LDoS 攻击序列的数学模型[39]

$$x(n) = \begin{cases} R, & kT \leqslant n < kT + L \\ 0, & kT + L \leqslant n < (k+1)T \end{cases} \quad (8\text{-}16)$$

式中，$k = 0, 1, 2, \cdots$。

两个攻击参数相同的 LDoS 序列间的互相关序列 $r(d)$ 为[39]

$$
\begin{aligned}
r(d) &= \frac{\sum\limits_{n=0}^{N} (x(n) - m_x)(y(n-d) - m_y)}{\sqrt{\sum\limits_{n=0}^{N} (x(n) - m_x)^2} \sqrt{\sum\limits_{n=0}^{N} (y(n-d) - m_y)^2}} \\
&= \frac{a\sum\limits_{n=0}^{T} (x(n) - m_x)(y(n-d) - m_y)}{\sqrt{a\sum\limits_{n=0}^{T} (x(n) - m_x)^2} \sqrt{a\sum\limits_{n=0}^{T} (y(n-d) - m_y)^2}} \\
&= \frac{\sum\limits_{n=0}^{T} (x(n) - m_x)(y(n-d) - m_y)}{\sqrt{\sum\limits_{n=0}^{T} (x(n) - m_x)^2} \sqrt{\sum\limits_{n=0}^{T} (y(n-d) - m_y)^2}}
\end{aligned}
\quad (8\text{-}17)
$$

式中，N 为采样窗口的大小；a 为采样窗口内脉冲的个数。

由于均值 m_x、m_y 对两个序列相关性影响不大，为了简化计算，可以把 $x(n)$、$y(n)$ 的均值 m_x、m_y 都设为 0，则 $r(d)$ 的峰值为[39]

$$\max r(d) = \frac{L(R-0)^2}{\sqrt{L(R-0)^2}\sqrt{L(R-0)^2}} = 1 \qquad (8\text{-}18)$$

而在构造检测序列 $y(n)$ 时，对其参数 L 的估计会出现一些偏差，设 $\hat{L}$ 为估计值，则当 $\hat{L} > L$ 时，有

$$\max r(d) = \frac{LR^2}{\sqrt{LR^2}\sqrt{\hat{L}R^2}}$$
$$= \frac{L}{\sqrt{L\hat{L}}} \qquad (8\text{-}19)$$

当 $\hat{L} < L$ 时，有

$$\max r(d) = \frac{\hat{L}R^2}{\sqrt{LR^2}\sqrt{\hat{L}R^2}}$$
$$= \frac{\hat{L}}{\sqrt{L\hat{L}}} \qquad (8\text{-}20)$$

则对参数 L 估计的误差 $\delta(\delta = \hat{L} - L)$ 对相关序列峰值的影响为

$$\max r(d) = \begin{cases} \dfrac{\delta+L}{\sqrt{L(L+\delta)}}, & \delta < 0 \\[3mm] \dfrac{L}{\sqrt{L(L+\delta)}}, & \delta > 0 \end{cases} \qquad (8\text{-}21)$$

根据式（8-21），当 L 为 200ms 时，$\max r(d)$ 与 δ 之间的关系如图 8-10 所示[39]。

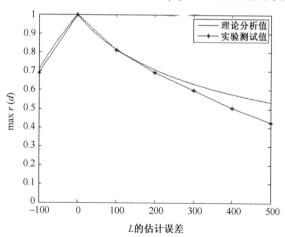

图 8-10　L 的估计误差对 $r(d)$ 峰值的影响

在图 8-10 中，实线为理论分析值，星形实线表示实验测试值。图 8-10 说明理论分析结果和实际测试结果基本吻合。

在实际情况下，LDoS 攻击脉冲的持续时间 L 一般为 2～3 个 RTT，正常网络 RTT 一般不超过 100ms。过大的 L 会使 LDoS 攻击沦为 DDoS 攻击。因此，在构造检测序列 $y(n)$ 时，可以根据被攻击网络环境取 1～3 个 RTT 大小作为 L 的取值，估计误差不会超过 1～2 个 RTT。L 的估计误差 δ 在一定范围内（图 8-10），对相关序列 $r(d)$ 的影响很小，不影响检测结果。

8.3.3　参数 T 的预估计

周期性是 LDoS 攻击最显著的特征，因此在构造检测序列 $y(n)$ 时，对 T 的预估计必须十分精确。

对于同步 LDoS 攻击，其周期严格按照 RTO 的指数倍增长，相邻脉冲的时间间隔分别为 RTO、2RTO、4RTO、…。因此，可以根据被攻击网络的 RTO 构造检测序列。

对于异步 LDoS 攻击，其周期固定，相邻脉冲的时间间隔相同。对周期估计的误差对结果影响十分大，当攻击周期为 1.2s，周期估计值为 2s 时 $r(d)$ 序列如图 8-11 所示。

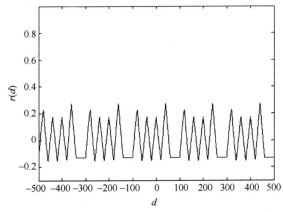

图 8-11　攻击周期为 1.2s、估计周期为 2s 时的 $r(d)$ 序列

图 8-11 如此混乱的原因是，互相关算法在计算卷积的时候会体现出两个序列的周期性，而当这两个序列的周期不同时，两个不同的周期在一个结果中同时出现就会十分混乱。

因此，在构造 $y(n)$ 之前，先构造一个 $y'(n)$。$y'(n)$ 是一个单脉冲序列，它本身是不具备周期性的，它的作用是检测 $x(n)$ 的周期性[39]。构造的 $y'(n)$ 以及它与 $x(n)$ 的相关序列 $r(d)$ 如图 8-12 所示。

虽然 $x(n)$ 与 $y'(n)$ 之间的相关程度不高，但是相关序列 $r(d)$ 完整地展现出了 $x(n)$ 的周期性，而且每个波峰的峰值约为 0.5，这明显大于背景流量 $h(n)$ 与 $y(n)$ 的相关程度，这说明能够用 $y'(n)$ 从混合流量中提取 $x(n)$ 的周期特性。只要计算相邻波峰间的距离，就可以估计出攻击周期，进而完成对 $y(n)$ 的构造。由此估计出的周期 $\hat{T}$ 和实际周

期 T 间仍可能存在误差。误差较小时对相关序列 $r(d)$ 的影响主要体现在对 $r(d)$ 峰值的影响，而对相关序列 $r(d)$ 的周期性的影响不明显。

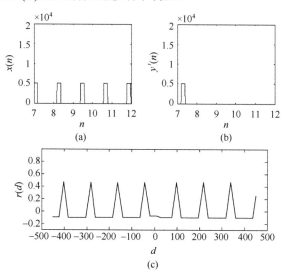

图 8-12　$x(n)$、$y'(n)$ 以及它们的相关序列 $r(d)$

设 $x(n)$ 参数 $T = 1200\text{ms}$，$L = 200\text{ms}$，采样窗口大小 $N = 3000\text{ms}$，窗口内脉冲个数为 3 个，估计的周期为 $\hat{T}$，构造的检测序列 $y(n)$ 以 $\hat{T}$ 为周期，其他参数与 $x(n)$ 相同。此时相关序列 $r(d)$ 取得峰值时对应的 $x(n)$ 与 $y(n)$ 的位移关系如图 8-13 所示，$\max r(d)$ 与 δ 之间的关系如图 8-14 所示，则

$$\max r(d) = \frac{LR^2 + 2(L-|\delta|)R^2}{\sqrt{3LR^2}\sqrt{3LR^2}} = 1 - \frac{2|\delta|}{3L} \tag{8-22}$$

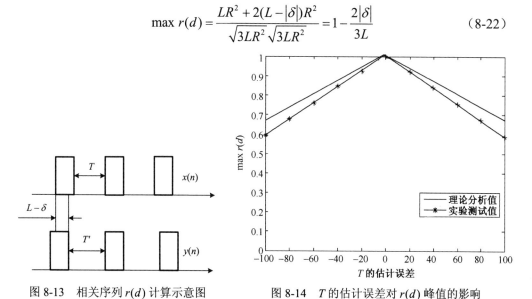

图 8-13　相关序列 $r(d)$ 计算示意图　　　　　图 8-14　T 的估计误差对 $r(d)$ 峰值的影响

在图 8-14 中，实线为理论分析值，星形实线表示实验测试值。图 8-14 表明，理论分析结果和实际测试结果基本吻合。周期 T 的估计误差 δ 在可以控制的较小范围内对相关序列峰值的影响较小，不影响检测结果。估计误差的范围在下面的具体实验中求得。

8.4　实验与结果分析

本章在网络仿真软件 NS-2 搭建的网络环境中，测试基于信号互相关的 LDoS 攻击检测算法。

8.4.1　实验环境

测试网络拓扑结构如图 8-15 所示[39]。合法用户 1 为被攻击目标，它经过路由器 A 和 B 与用户 9 和用户 10 建立正常的 TCP 连接。路由器 A 与 B 的链路瓶颈为 15Mbit/s，攻击者在路由器 A 处完成流量汇聚，形成攻击速率为 15Mbit/s、攻击脉宽为 200ms、攻击周期为 1.2s 的攻击脉冲，然后对路由器 A、B 发起攻击使经过 $A{\to}B$ 的通信中断。其中攻击者 1、攻击者 2 混合了背景流量，使其更贴近真实流量，以增加检测难度。攻击者 0 未混合背景流量，用来作比较。合法用户 2 作为检测的干扰项，它经过路由器 A 和 C 与用户 11 建立正常的 TCP 连接，它不受攻击，因此用户 2 的流量为正常的无攻击网络流量。

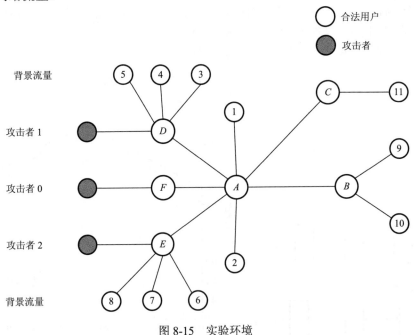

图 8-15　实验环境

在实验背景流量的设计中，将用户 3～用户 8 设为背景流量，他们避开被攻击的

路径 $A{\to}B$，经过路由器 A 和 C 与用户 11 建立正常的 TCP 连接。这样做的好处是背景流量不受攻击的影响，能够保证背景流量与攻击流量是相互独立的。

8.4.2　结果与分析

本节针对同步和异步 LDoS 攻击进行了实验，并对本章提出的检测方法的检测性能进行了计算和分析。

1. 同步攻击的实验结果

检测算法应用于路由器 A 处，在 A 处对与 A 相连路径上的流量进行采样（采样间隔为 10ms），得到的流量波形分别如图 8-16 和图 8-17 所示。

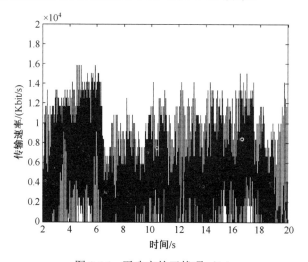

图 8-16　无攻击的干扰项 $g'(n)$

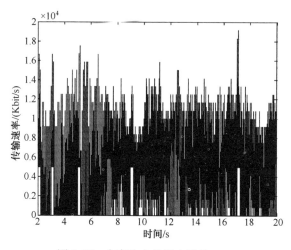

图 8-17　含有攻击的混合流量 $g(n)$

针对同步攻击，根据实际网络的 RTO 构造检测序列 $y(n)$，其每个脉冲间隔依次为 1s、2s、4s、$\cdots$、2^ns。针对同步攻击的检测序列 $y(n)$ 如图 8-18 所示。

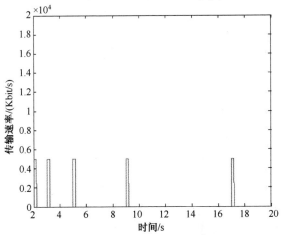

图 8-18　针对同步攻击的检测序列 $y(n)$

分别计算混合流量 $g(n)$ 和检测序列 $y(n)$ 的方差，$D(X) = D(Y) = 1.1887 \times 10^6$，$D(G) = 2.0476 \times 10^7$，$k = \dfrac{\sqrt{D(X)}}{\sqrt{D(G)}} = 0.2409$。计算 $g'(n)$、$g(n)$ 和 $y(n)$ 的互相关序列 $r_{gy}(d)$，并根据式（8-15）和 k 的值求出 $r_{xy}(d)$，$r_{xy}(d)$ 分别如图 8-19 和图 8-20 所示。

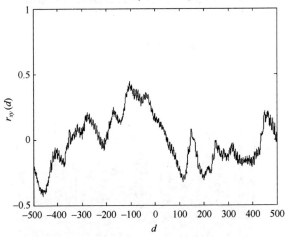

图 8-19　根据干扰项 $g'(n)$ 求出的 $r_{xy}(d)$

从图 8-20 可以看出有明显的波峰，这是脉冲攻击相关序列的典型特征，说明 $x(n)$ 与 $y(n)$ 之间具有较高的相关性。这与图 8-4 所示的理想状态下的同步攻击互相关序列十分接近。

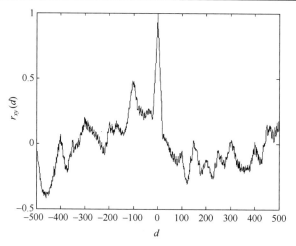

图 8-20　根据混合流量 $g(n)$ 求出的 $r_{xy}(d)$

可以认为，大量的重复实验求出的无攻击的相关序列峰值的分布为正态分布 $N(\mu_0, \sigma_0^2)$，概率密度函数为

$$f_0(x) = \frac{1}{\sqrt{2\pi}\sigma_0} \exp\left[-\frac{(x-\mu_0)^2}{2\sigma_0^2}\right] \tag{8-23}$$

有攻击的相关序列的峰值分布为正态分布 $N(\mu_1, \sigma_1^2)$，概率密度函数为

$$f_1(x) = \frac{1}{\sqrt{2\pi}\sigma_1} \exp\left[-\frac{(x-\mu_1)^2}{2\sigma_1^2}\right] \tag{8-24}$$

求出无攻击正常流量的相关序列峰值的均值 μ_0 为 0.4213，标准差 σ_0 为 0.1846；有攻击混合流量的相关序列峰值的均值 μ_1 为 0.9315，标准差 σ_1 为 0.0829。其概率分布如图 8-21 所示。

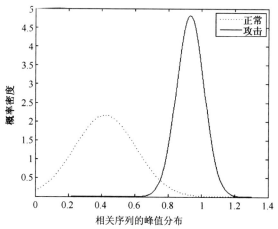

图 8-21　同步攻击检测概率分布

首先给出 3 个检测算法的性能指标。

（1）检测率：$P_D = \int_{\gamma}^{\infty} f_1(x)\mathrm{d}x$。

（2）漏警率：$P_{\mathrm{FN}} = \int_{-\infty}^{\gamma} f_1(x)\mathrm{d}x$。

（3）虚警率：$P_{\mathrm{FP}} = \int_{\gamma}^{\infty} f_0(x)\mathrm{d}x$。

式中，γ 为检测算法的敏感系数，γ 取值越小，检测率越高，虚警率也越高；γ 取值越大，检测率越低，虚警率越低。因此，需要折中选取一个合适的敏感系数，以平衡检测率和虚警率。不同敏感系数下的同步攻击检测性能如表 8-1 所示。

表 8-1　不同敏感系数下的同步攻击检测性能

敏感系数 γ	检测率 P_D/%	漏警率 P_{FN}/%	虚警率 P_{FP}/%
0.6	100	0	18.75
0.7	99.78	0.22	7.65
0.75	98.78	1.22	4.46
0.8	95.03	4.97	2.44

从表 8-1 可以看出，敏感系数选取 0.7～0.8 可以获得较好的检测性能。

2. 异步攻击的实验结果

将检测算法应用于测试网络中的路由器 A 处，在 A 处对与 A 相连路径上的流量进行采样（采样间隔为 10ms），得到的流量波形图分别如图 8-22 和图 8-23 所示。

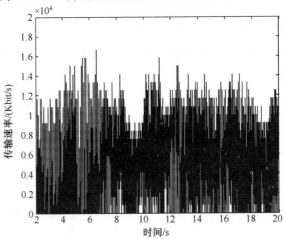

图 8-22　无攻击的干扰项 $g'(n)$

检测的手段就是利用互相关算法找出图 8-22 和图 8-23 的差异，从混合流量中提取攻击脉冲的特征。首先构造 $y'(n)$，其中，$R=5\mathrm{Mbit/s}$，$L=200\mathrm{ms}$，对 $g'(n)$ 和 $g(n)$ 分别进行周期估计，得到的结果如图 8-24 和图 8-25 所示。

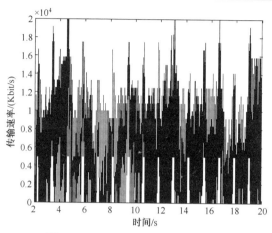

图 8-23　含有攻击的混合流量 $g(n)$

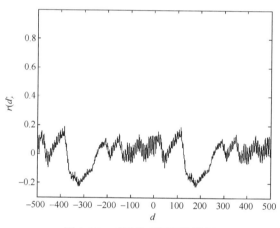

图 8-24　对干扰项周期估计图

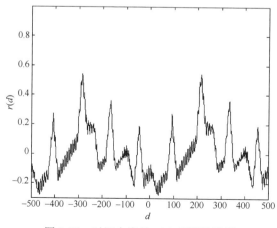

图 8-25　对混合流量 $g(n)$ 周期估计图

虽然在背景流量的干扰下，图 8-25 中的波峰非常杂乱，个别波峰的峰值也比较小，但还是能明显分辨出每个波峰。统计每个峰值对应的延迟 d 和相邻波峰的间距，结果见表 8-2[39]。

表 8-2　周期估计结果

d/ms	−407	−284	−165	−45	93	210	335	455
Δd/ms	—	123	119	120	118	117	125	120

对其他值求平均得到 120.3ms，采样间隔为 d=10ms，得到估计出的周期为 T=1203ms，而实际周期为 1200ms，误差为 3ms，其值小于一个采样间隔。因此，用 $y'(n)$ 估计出的周期是比较准确的。

重复 100 次实验，测得周期的平均值为 1201ms，其中偏差最大的值为 1217ms，平均误差为 5ms，最大误差为 17ms。从估计图中可以看出，用单脉冲互相关方法检测出的周期精确，误差较小，不影响检测结果。

虽然准确估计出了混合流量中隐藏的攻击脉冲的周期，但是图 8-25 表现出的相关性十分不明显，个别峰值也很小，因此并不能据此判决攻击。根据估计出的周期 T 构造 $y(n)$，并计算 $D(X) = D(Y) = 2.8790 \times 10^6$，$D(G) = 2.2788 \times 10^7$，$k = \dfrac{\sqrt{D(X)}}{\sqrt{D(G)}} = 0.3554$。然后分别计算 $g'(n)$、$g(n)$ 和 $y(n)$ 的互相关序列 $r_{gy}(d)$，并根据式（8-15）和 k 值求出 $r_{xy}(d)$，分别如图 8-26 和图 8-27 所示[39]。

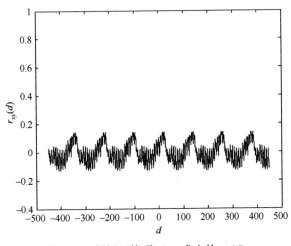

图 8-26　根据干扰项 $g'(n)$ 求出的 $r_{xy}(d)$

图 8-26 为干扰项用户 1 的正常流量与 $y(n)$ 互相关计算后求出的 $r_{xy}(d)$，其值都集中在 0 附近，这说明 $g'(n)$ 与构造的周期脉冲序列 $y(n)$ 相关程度很低。

图 8-27 为混合流量 $g(n)$ 与 $y(n)$ 互相关计算后求出的 $r_{xy}(d)$，它已经非常接近图 8-4，也具有明显的周期性，且其周期就是攻击脉冲的周期。而且每个周期内的峰值都在 0.8 以上，这表示混合流量序列 $g(n)$ 中隐藏有与检测序列 $y(n)$ 相关程度很高的攻击脉冲序列。利用互相关算法能够从混合流量中提取出攻击脉冲的相关特征，达到检测目的。

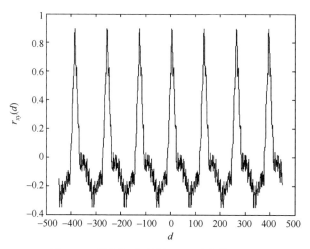

图 8-27　根据混合流量 $g(n)$ 求出的 $r_{xy}(d)$

通过 100 次实验求出无攻击正常流量的相关序列峰值的均值 μ_0 为 0.2306，标准差 σ_0 为 0.2235；有攻击混合流量的相关序列峰值均值 μ_1 为 0.8705，方差 σ_1 为 0.1286。其概率分布如图 8-28 所示。

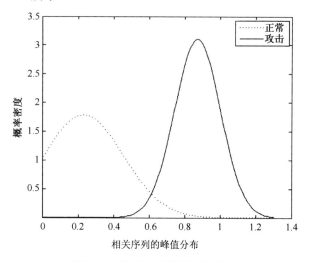

图 8-28　异步攻击检测概率分布

在不同 γ 取值下异步攻击检测性能结果见表 8-3[39]。

表 8-3　不同 γ 取值下异步攻击检测性能

敏感系数 γ	检测率 P_D/%	漏警率 P_{FN}/%	虚警率 P_{FP}/%
0.55	99.38	0.57	8.62
0.6	98.35	1.61	5.61
0.65	95.98	3.97	3.5
0.7	91.34	8.61	2.09
0.75	83.5	16.45	1.19

表 8-3 说明，敏感系数选取 0.6～0.7 时有较好的检测性能。与 Chen 等[43, 44]采用的归一化累积功率谱密度方法相比，检测率提高了 5%～7%，误检率减小了 10%～13%。

比较图 8-26 和图 8-27 可以看出，有攻击的混合流量相关序列的形状是三角波峰。根据这一特点，在实际检测时采用敏感系数（sensitivity）和计数器（counter）双门限检测的方法，可以使检测性能进一步提高。

8.5　本章小结

本章分析了 LDoS 攻击流量的周期性的特点，改进了传统的信号互相关计算方法，研究了基于循环卷积的 LDoS 攻击互相关检测算法。在该方法中，设计了 LDoS 攻击模型的构造方法，预先构造检测序列，再计算检测序列与采样得到的网络流量序列的相关序列，并采用无周期单脉冲预测估计 LDoS 攻击的周期、脉宽和幅度三个参数的方法从相关序列中提取 LDoS 攻击参数。实验结果表明，基于信号互相关的 LDoS 攻击检测方法具有较好的检测性能。

第 9 章   基于数字滤波器的 LDoS 攻击过滤方法

频域分析表明,LDoS 攻击流量与正常 TCP 流量在频域上的频谱分布有很大差别。因此,可以在频域设计滤波器通过频谱过滤实现攻击流量的频率分量滤除[35, 40, 108]。本章利用数字信号处理的理论,基于网络流量模型,设计数字滤波器,提出了基于数字滤波器的 LDoS 攻击过滤方法,该方法分别采用有限冲击响应 FIR 数字滤波器和梳状滤波器过滤 LDoS 攻击的频率分量,达到防御 LDoS 攻击的目的[35, 108]。

9.1   数字信号处理相关概念介绍

数字信号处理就是用数值计算的方式对信号的波形进行变换。它是系统的知识体系,是数字通信理论中重要的组成部分。在当今的绝大多数通信系统中,都存在着数字信号处理应用模块的使用,如 A/D、D/A 转换、谱估计等。数字信号处理理论丰富,应用十分广泛。这里只简单介绍几个与本章内容相关的概念。

9.1.1   离散傅里叶变换

离散傅里叶变换(DFT)就是在以时间为自变量的"信号"与以频率为自变量的"频谱"函数之间的某种变换关系[113]

$$X(k) = \mathrm{DFT}[x(n)] = \sum_{n=0}^{N-1} x(n) W_N^{kn}, \quad 0 \leqslant k \leqslant N-1 \tag{9-1}$$

$$x(n) = \mathrm{IDFT}[X(k)] = \frac{1}{N} \sum_{k=0}^{N-1} X(k) W_N^{-kn}, \quad 0 \leqslant n \leqslant N-1 \tag{9-2}$$

式(9-1)和式(9-2)称为有限长序列的离散傅里叶变换变换对,其中 $W_N = \mathrm{e}^{-\mathrm{j}\frac{2\pi}{N}}$。式(9-1)称为离散傅里叶变换,式(9-2)称为离散傅里叶逆变换(IDFT)。

9.1.2   快速傅里叶变换

快速傅里叶变换(fast Fourier transform,FFT)不是与 DFT 不同的另外一种变换,而是为了减少 DFT 计算次数的一种快速有效的算法。

傅里叶变换在 100 多年前就已发现,并早已知道频域分析常常比时域分析更优越,不仅简单,且易于分析复杂信号。由于 DFT 计算量太大,在 FFT 出现前用较精确的数字方法 DFT 进行谱分析是不切实际的。一般来讲，使用 FFT 的运算时间可比 DFT 缩短 1～2 个数量级[113]。

依据算法原理的不同，快速傅里叶变换主要可分为按时间抽取的 FFT 算法、按频率抽取的 FFT 算法、N 为复合数的 FFT 算法、分裂基 FFT 算法、实序列的 FFT 算法、线性调频 z 变换算法、ZFFT 算法等[113]。

9.1.3　功率谱估计

对于一个随机信号（或者序列），它本身的傅里叶变换是不存在的，因此无法像确定性信号那样用数学表达式来精确地描述它，而只能用它的各种统计平均量来表征它。其中，自相关函数最能完整地表征它的特定的统计平均量值。而一个随机信号的功率谱密度正是自相关函数的傅里叶变换，可以用功率谱密度来表征它的统计平均谱特性[114]。所以，要在统计意义下描述一个随机信号，就需要估计它的功率谱密度。

假设 $x(n)$ 为一个离散随机序列，它的均值定义为[114]

$$E[x(n)] = \lim_{N \to \infty} \frac{1}{N} \sum_{n=0}^{N-1} x(n) \tag{9-3}$$

式中，N 表示平均时间长度。该序列的自相关函数可以表示为

$$R_x(m) = E[x(n)x(n+m)] \tag{9-4}$$

自相关函数反映了两个固定波形 $x(n)$ 和 $x(n+m)$ 的相似程度。自相关函数的值越大，这些变量的相关性越大。因为 $R_x(m)$ 把相隔为时滞 m 的信号值联系起来，可以预期自相关函数和 m 的依存性与序列的起伏速率有关。

在式（9-4）中，当 $m = 0$ 时，有[114]

$$R_x(0) = E[x^2(n)] = \frac{1}{2\pi} \int_{-\pi}^{\pi} P_x(\omega) \mathrm{d}\omega \tag{9-5}$$

式中，$E[x^2(n)]$ 表示信号的平均功率，于是式（9-5）说明了 $P_x(\omega)$ 在 $[-\pi, \pi]$ 频域区间的积分面积与信号 $x(n)$ 的平均功率成正比，因此，$P_x(\omega)$ 被称为 $x(n)$ 的功率谱密度。

故此时便可得出离散随机信号的维纳-辛钦公式[114]

$$P_x(\omega) = \sum_{m=-\infty}^{\infty} R_x(m) \mathrm{e}^{-\mathrm{j}\omega m} \tag{9-6}$$

$$R_x(m) = \frac{1}{2\pi} \int_{-\pi}^{\pi} P_x(\omega) \mathrm{e}^{\mathrm{j}\omega m} \mathrm{d}\omega \tag{9-7}$$

功率谱估计有多种方法，一般可以分为参数化方法和非参数化方法[115]。非参数化方法中较为常用的是韦尔奇（Welch）方法。这种方法属于经典谱估计的一类——周期图法。另外还有一些现代的非参数化方法，如多窗口法、MUSIC 方法等，这些方法非常适合线谱的估计。与非参数化方法相比，参数化方法主要围绕自回归滑动平均

（ARMA）模型的参数估计问题来计算信号的功率谱，其频率分辨性能优于经典谱估计，包括 Yule-Walker 方法、Burg 方法等[115]。

9.1.4 数字滤波器

数字滤波器是指完成信号滤波处理功能的、用有限精度算法实现的离散时间线性非时变系统。其输入是一组（由模拟信号取样和量化的）数字量；其输出是经过变换（或处理）的另一组数字量。从实现方法考虑，可以将数字滤波器大致分为两种：一种称为无限长单位脉冲响应（infinite impulse response，IIR）数字滤波器；另一种称为有限长单位脉冲响应（finite impulse response，FIR）数字滤波器[114]。

数字滤波器具有稳定性高、精度高、灵活性大等突出优点。它的设计过程可以分为以下步骤[114]。

（1）按照实际需要，确定滤波器的性能要求。

（2）寻找一个满足预定性能要求的离散时间线性系统。

（3）用有限精度的运算实现所设计的系统。

（4）通过模拟，验证所设计的系统是否符合给定性能要求。

无限长单位脉冲响应数字滤波器主要结构型式有直接 I 型、直接 II 型、级联型、并联型和转置型等；而有限长单位脉冲响应数字滤波器主要结构型式有直接型、级联型、线性相位的 FIR 系统网络结构型、频率取样型和快速卷积型等。

下面简单介绍 FIR 滤波器和 IIR 滤波器的特点[114]。

（1）FIR 滤波器具有精确的线性相位，而 IIR 滤波器的相位响应在通带和阻带边缘的失真都比较大。

（2）FIR 滤波器的实现是非递归的，它的输出等于输入的直接相乘和相加，其结果总是稳定的。而 IIR 滤波器的实现是递归的，它的输出总是与先前的输出有关。这样相比，IIR 滤波器的稳定性不如 FIR 滤波器容易得到保证。

（3）对于锐截止滤波器，FIR 滤波器要求的系数比 IIR 滤波器的多。因此，对于给定的幅度响应指标，FIR 滤波器的实现需要更多的处理时间和更大的存储量，这很可能使制作成本提高。

（4）模拟滤波器可以很容易地转化为具有类似性能指标的无限脉冲响应数字滤波器，使用 FIR 滤波器没有对应的模拟滤波器。然而，有限脉冲响应系统可以方便地合成具有任意频率响应的滤波器。

（5）在数学上，如果没有计算机的辅助设计，则 FIR 滤波器的设计将比 IIR 滤波器设计难很多。

FIR 滤波器的设计方法主要有三种，即窗函数法、频率取样法和切比雪夫等波纹逼近的最优化设计方法。各种方法都有其优缺点，可以根据需要进行选择。IIR 滤波器的设计方法主要有三种，即由模拟滤波器设计 IIR 数字滤波器、在 z 平面直接设计滤波器、优化设计法等[113]。

9.2 基于频域分析的 FIR 数字滤波器的设计

基于频域分析的 FIR 数字滤波器的设计方法是以 LDoS 攻击流量与 TCP 流在频域具有不同的分布特征为出发点，利用窗函数设计法设计 FIR 数字滤波器来过滤攻击流量。下面先进行频域分析和滤波原理的阐述。

9.2.1 频域分析与滤波原理

由于 TCP 广泛应用于各种网络应用中，据统计有 80%以上的网络流量采用 TCP[110]；同时 TCP 流量具有周期性的特点。而 LDoS 攻击通常是通过连续发送大量数据包（UDP、SYN 等）来消耗提供服务的有限资源从而实现攻击。周期性本身提供了一个开发新防御机制的思路，周期信号和非周期信号在频率域呈现不同的特性。用数字信号处理技术很容易就能检测到这些差异。包到达通常用一个随机进程来模拟，这个随机进程表现为一组概率分布。由于随机信号不能直接进行傅里叶变换，其自相关序列的傅里叶变换提供了频域特征的解释说明[35, 108]。

LDoS 攻击要在一段时间内连续发送大量数据，因此其能量远大于正常流量的能量。频域过滤 LDoS 的方法正是基于这个特征：利用频谱分析和滤波器对含 LDoS 攻击的数据流的频率流量进行过滤，降低链路中的攻击流量，提高合法流量与攻击流量之比（legitimate traffic to attacked traffic ratio，LAR）[31]。

针对到达路由器的 TCP 和 UDP 数据包按照 5ms 的时间间隔抽样，得到一个离散的时间序列 $x(n)$。根据奈奎斯特采样定理，可以得到其幅频特性。在这个过程中，取样也起到了低通滤波器的作用，消除了高频噪声。数据包的到达数目可以按照如下随机过程模型来表示：$\{x(t), t = n\Delta, n \in N\}$。其中，$\Delta$ 是一个常数，代表采样周期，在实验中是 5ms；N 是全部取样点数；$x(t)$是一个随机变量，表示在$(t - \Delta, t)$间隔内到达路由器的数据包的数目。利用离散傅里叶变换将时域序列转换到频域[31, 35, 108]

$$\text{DFT}(x(n), k) = \frac{1}{N} \sum_{n=0}^{N-1} x(n) \mathrm{e}^{-\mathrm{j}2\pi kn/N}, \quad k = 0, 1, \cdots, N-1 \qquad (9\text{-}8)$$

经过离散傅里叶变换，就可以从另外一个角度观察分析序列的特性。

TCP 流中数据包的数目具有的守恒原则具体表现在其周期性上，即在网络的任意节点上出现一个 TCP 流的数据包，经过 RTT 时间间隔，在此节点还将出现一个属于相同 TCP 流的数据包[13]。为了把此特征具体化，可以使用自相关函数，即[31, 35, 108]

$$R_{xx}(\tau, t) = E[x(t)x(t + \tau)] \qquad (9\text{-}9)$$

然而在实际中，使用功率谱密度观察周期性更直接有效。PSD 函数实际上就是序列的自相关函数的 DFT[31, 35, 108]

$$S_x(f) = \sum_{k=-\infty}^{\infty} R_{xx}(k) \mathrm{e}^{-\mathrm{j}2\pi kf} \qquad (9\text{-}10)$$

　　由于目前缺乏对随机过程完整的数学描述，使用 PSD 估计代替真实的 PSD。在下面的实验中使用的 Yule-Walker 现代谱估计方法，克服了像 Welch 方法这种经典估计算法的谱分辨率低的缺点。

　　然后比较正常流量和带有攻击流量的能量分布，用 FIR 数字滤波器过滤包含攻击的频率分量。FIR 数字滤波器的设计问题就是要所设计的 FIR 数字滤波器的频率响应 $H(e^{j\omega})$ 逼近所要求的理想滤波器的响应 $H_d(e^{j\omega})$。从单位取样响应序列来看，就是使所设计滤波器的 $h(n)$ 逼近理想单位取样响应序列 $h_d(n)$。本实验中采用窗函数法设计 FIR 滤波器，也称为傅里叶级数法[116]。

9.2.2　实验结果与分析

　　在实验中，采用三台计算机和一台路由器搭建实验网络环境，如图 9-1 所示[31]。其中，一台计算机安装 Windows XP 操作系统，作为正常用户，地址设置为 192.168.10.24；另一台计算机安装 Linux 操作系统，作为攻击者，地址为 192.168.10.25。在地址为 192.168.20.8 的计算机上架设 FTP 服务器。路由器采用的是 Cisco 2621。

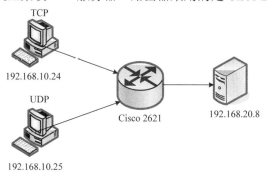

图 9-1　LDoS 实验平台拓扑结构

　　在实验中，正常用户从服务器端下载文件来产生 TCP 流。同时，利用发包工具持续发送大量数据的 UDP 流，制造 LDoS 攻击效果。在服务器端将收到的数据包以 5ms 为间隔进行抽样统计，产生时域序列，如图 9-2 所示[31]。

　　然后将得到的序列作 DFT 变换到频域，经过谱估计，统计序列的 PSD 如图 9-3 所示，可以看到包含 UDP 攻击流的能量明显高于正常的 TCP 流能量，特别是在[0, 1]区间。据此，有理由相信，通过滤波滤除攻击的频率分量，就可以缓解 LDoS 攻击[31]。

　　图 9-4 是利用窗函数法设计的 FIR 滤波器的幅频特性，滤波器只允许所需要的频率分量，也就是正常流量所包含的频率分量通过[31]。

　　经过滤波，在图 9-5 中将流量滤除前后的频谱作比较，显而易见，滤波后包含 UDP 攻击频率的成分得到了很好的抑制，大部分正常 TCP 流不包含的频率分量几乎被全部滤除，允许通过的都是正常流量合理的频率分量。而在[0, 10]频段中，由于设计的滤波器过渡带性能的原因，未能过滤完全，还残留小部分攻击流量的频率分量。

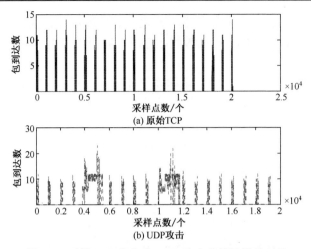

(a) 原始TCP

(b) UDP攻击

图 9-2　正常 TCP 和包含 UDP 攻击的统计流量对比

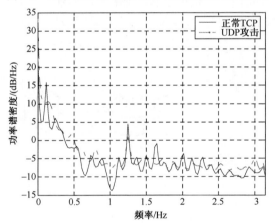

图 9-3　正常 TCP 和包含 UDP 攻击的流量 PSD 对比

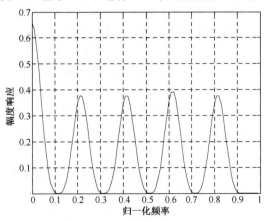

图 9-4　FIR 滤波器特性曲线

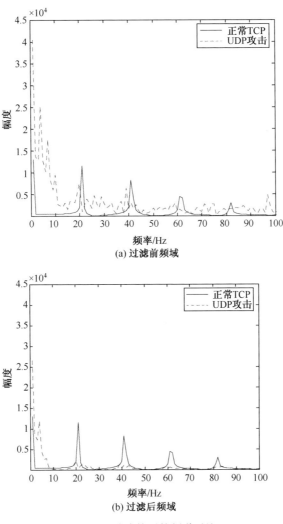

图 9-5　过滤前后的频谱对比

　　换个角度，从时域对过滤效果作更直观的检验。观察图 9-6，在两个 UDP 攻击的时间段里，UDP 攻击数据包数目有了很大改善，与过滤前相比，数量大幅下降，这样便降低了链路中的异常流量，有更多资源为合理流量提供服务[31]。

　　鉴于本章方法的出发点为能量差异，使用能量比值作为评价指标较为直观。将单个 TCP 流作为正常流量，将单纯的 UDP 流作为攻击流量，分别计算两者能量，再求其比值，即 LAR，如表 9-1 所示[31]。结果显示，过滤前后 LAR 提高大约 10dB，说明 FIR 数字滤波器的过滤对于 LDoS 攻击能够起到明显减轻的作用，使得链路保持通畅，为用户提供正常的服务。

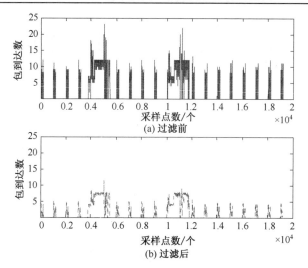

图 9-6　时域中含 UDP 攻击流量过滤前后的比较

表 9-1　过滤前后的效果对比　　　　　　　　　　　　（单位：dB）

项目	过滤前	过滤后
LAR	−19.3121	−10.8417

在文献[43]中，针对 DDoS 攻击主要采用的是黑白名单比对法。而本章所提出的是使用滤波器法。实验结果显示，黑白名单比对法的检测准确度为 82.6%，本章方法采用 LAR 作为技术指标，抑制了攻击数据流的能量，相对而言即提高正常数据流的能量，过滤前后提高了将近 10dB。在前者方法中，若想要通过降低判决门限来提高正常流量的通过率，有一定的困难，因为降低门限后误判率会随之增加，使更多攻击流量被当做正常流量而通过，这是一对矛盾因素。相比之下，后者改进提高的机会更大，滤波器性能越好，滤除攻击频率成分越彻底，攻击与正常流量的能量差距就越大。就两种方法的思路而言，后者的思想比前者简单，在发现了含有攻击的多余能量后，直接滤除其频率成分，同时也节省了前者的名单存储开销和进行对比的时间。所需要考虑多一些的是滤波器的设计与过滤方面。在实际中，对于离散傅里叶变换、谱分析和滤波器的设计均可以采用 DSP 来实现，设计出独立的模块设备[117]。这样可以大大发挥硬件的优势，提高处理速度，节约时间，从而降低路由器或者目标终端检测和防御网络异常的负担。

9.3　基于频谱分析的梳状滤波器的设计

在 9.2 节利用窗函数法设计 FIR 滤波器对 LDoS 攻击流量进行过滤的基础上，本节将设计基于 IIR 滤波器的梳状滤波器来进行 LDoS 攻击流量的过滤。

9.3.1　频谱分析与滤波原理

梳状滤波器更多地考虑到 TCP 流量的频域特征，与窗函数法设计的 FIR 滤波器相比，更能做到有的放矢。针对流量特征的细节有所不同，下面将重新对流量特征进行分析。

1. 流量特征分析

TCP 的数据包传送遵循包守恒原则[118]，根据这个原则，接收端接收到一个数据包就会发出一个 ACK 包，而发送端接收到一个 ACK 包后就会允许一个新的数据包发送到网络。在一个窗口内数据包会被连续发送，此连续性仅受瓶颈带宽的传输时间限制。这种包守恒原则导致 TCP 流呈现某种周期特性。所谓某种周期特性，是指如果一个 TCP 数据包在网络中的某一点出现，一个往返时间 RTT 后，属于同一个 TCP 流的另一个数据包可能再次通过该点。因此，对于正常 TCP 流来说，将会在频域上呈现出与 RTT 相关的某个频率（1/RTT）上的明显周期性。文献[42]对实时 Abilene-III 网络 trace 数据集中的单条 TCP 数据流进行了功率谱估计，证明了 TCP 流存在明显的周期特性，以及其波峰的位置与通信中 RTT 相关。

为了方便观察网络流量的时域与频域特征，这里以单位时间内到达检测节点的数据包的数量为研究对象，通过定义包过程的概念对其进行描述。定义 $X(t) = n \cdot \Delta t$ 为包过程，其中 Δt 为固定的采样时间间隔，$X(t)$ 表示在时间段 $(t - \Delta t, t]$ 到达检测路由器的数据包数量[13, 35, 43, 108]。

对往返时间约 50ms 的单条 TCP 流进行 1ms 采样，统计时间为 5～100s，这样到达检测路由器的数据包可看成一个信号序列，就有一个样本序列 $x(n)$。用离散傅里叶变换将时域抽样序列转换为频域表示[13, 35, 43, 108]

$$\text{DFT}(x(n), k) = \frac{1}{N} \sum_{n=0}^{N-1} x(n) \mathrm{e}^{-\mathrm{j}2\pi kn/N}, k = 0, 1, \cdots, N-1 \qquad (9\text{-}11)$$

经过离散傅里叶变换，得到 TCP 信号的幅度谱。因为采样频率为 1000Hz，由奈奎斯特定理可得到图中最高频率为 500Hz。TCP 流在频域的能量分布基本上是均匀的。为了更好地观察 TCP 流在频域的细节特征，将 0～80Hz 的低频段进行放大，可以看出 20Hz 整数倍附近频率出现波峰，说明 TCP 流的能量分布与（1/RTT）相关性很大。图 9-7 为放大后的归一化幅度谱。

TCP 拥塞控制机制使得各个 TCP 链接每隔 RTT 时间便出现一次流量高峰，这就造成 TCP 包过程的主要频率成分集中于与 RTT 相对应的频带。如果设计一个过滤机制能保证与 RTT 相对应的频带处频率通过，则能保证绝大部分 TCP 流量顺利通过。为了下面过滤工作的需要，准确估计 RTT 十分必要。

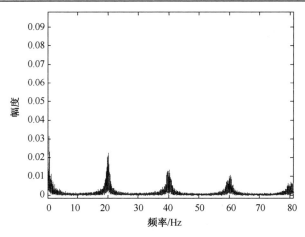

图 9-7 低频段 TCP 流归一化幅度谱

2. RTT 的估计

RTT 是计算机网络中一个重要的性能指标，用于估计网络负载和拥塞，超时重传机制 TCP 就是一个很好的例子。RTT 被定义为从源端发出一个包到接收到通信对端确认 ACK 包所经历的时长，是影响 TCP 性能和表征网络运行状况的重要参数。作为网络性能的重要指标，路径 RTT 的测量一直受到重视。RTT 由四部分决定：链路传播时间 T_{trs}、末端系统的处理时间 T_{fw}、路由器缓存中的排队时间 T_{que} 和处理时间 T_{prop}[60]，即

$$RTT = T_{trs} + T_{fw} + T_{prop} + T_{que} \tag{9-12}$$

式中，前两部分的值相对固定，路由器、交换机缓存中的排队和处理时延会随着整个网络拥塞程度的变化而变化。所以 RTT 的变化在一定程度上反映了网络拥塞程度的变化。因为队列延迟的变化，同一个正常 TCP 流的 RTT 会因每次往返有细微的差别，这种差别主要是由于瓶颈连接造成的，在一般情况下可以忽略不计[119]。RTT 一般分为主动测量和被动测量[120]。

这里提出的频域搜索法建立在傅里叶变换提供频域分析的基础上，在频域进行直接估计 RTT，为后面的滤波工作做准备。本方法利用频域分析流量特征之便，省去了在时域测量的繁复工作。

假设 RTT 对应的频域内出现的第一个波峰位置为 Δf，即 $\Delta f = 1/RTT$。从典型的网络测量[121]中获得 RTT 的变化范围[122]为 20～460ms，所以 Δf 的变化范围为 2.2～50Hz。因为波峰在频域内 Δf 对应的整数倍出现峰值，可以采用频域搜索法估计出准确的 Δf，即得到 RTT。

频域搜索法具体实现步骤如下：设 Δf 未知，且 $\Delta f \in [2,50]Hz$，Δf 频域对应的幅值为 $X(\Delta f)$。令 $\sum X = X(\Delta f) + X(2\Delta f) + \cdots + X(n\Delta f)$，$n \leqslant f_s / (2 \cdot \Delta f_{max})$，对 $\Delta f \in [2,50]Hz$ 逐一求 $\sum X$ 的最大值。

频域搜索法的依据是 TCP 流在频域内的能量分布于 RTT 对应的频带，将 $\sum X$ 最大值所对应的 Δf 提取出来，即得到 $RTT = 1/\Delta f$。由频谱分辨率计算

$$f_0 = f_s / N \tag{9-13}$$

可知，若信号采样率不变，则增加信号长度，可以降低频谱分辨率来提高 RTT 的估计精度。图 9-8 为对往返时间约 50ms 的单条 TCP 流采用频域搜索法的估计效果图，估计往返时间为 50.35ms，估计误差较小。

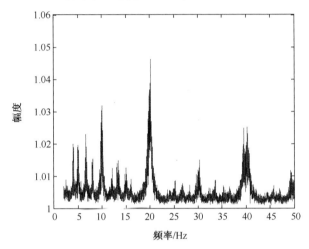

图 9-8　频域搜索法估计 RTT

3. 归一化累积幅度谱对比

为了更明显地体现 TCP 流与 LDoS 攻击流能量分布的不同特性，根据 Chen[43, 44, 108]等的研究成果，进一步对两个流的幅度谱进行归一化累积计算，得到归一化累积幅频特性[13, 44, 108]。图 9-9(a)为正常 TCP 流和 LDoS 攻击流的归一化累积幅频特性比较图，图 9-9(b)为将低频段放大后的累积幅频特性对比图。

在 Chen[43, 44, 108]等研究成果的基础上，对图 9-9 得到的 TCP 流与 LDoS 攻击流的归一化累积幅频进行分析，得出以下结论。

（1）从图 9-9(a)可以看出，TCP 流的归一化累积幅度谱随频率的增大呈线性变化，斜率基本保持不变；而 LDoS 攻击流的归一化累积幅度谱的斜率在低频段非常陡峭，在其他频段斜率变化十分平缓。也就是说，TCP 流的能量基本上均匀地分布于整个频域，而 LDoS 攻击流量在 50Hz 已占所有能量的 67%，说明能量主要集中在低频段。

（2）从图 9-9(b)中重点观察 TCP 流量的特性，发现在 20Hz、40Hz、60Hz 处斜率突然变大，而其他频率处斜率较小。在数学含义上，斜率直接关系到在某一个区间函数的增减性。TCP 的能量在这几个频率处有能量跃变，说明在 20Hz、40Hz、60Hz 附近频率处能量分布较多，与前面论述 TCP 能量集中于 1/RTT 频率处的说法一致。在其他频率斜

率较小，可以看作平坦的，说明在其他频率能量变化较小。在低频段，TCP 流的能量呈阶梯形分布的特征尤其明显，这为设计滤波器的后续工作提供了理论基础。

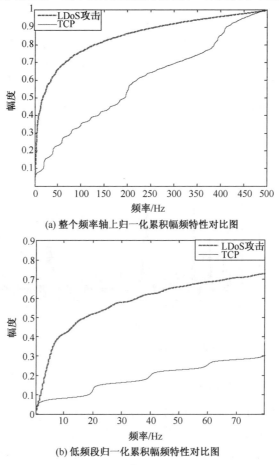

(a) 整个频率轴上归一化累积幅频特性对比图

(b) 低频段归一化累积幅频特性对比图

图 9-9　TCP 流与 LDoS 攻击流归一化累积幅频特性对比图

4. 梳状滤波器的设计

　　根据频域上正常 TCP 流与 LDoS 攻击流量的能量分布的差异，可以设计梳状滤波器进行滤波，让 RTT 对应频带的频率通过，能够保证绝大部分正常 TCP 流通过。考虑到 LDoS 攻击在除低频段外的其他频段能量所占比例较低，TCP 流基本上在整个频段能量均匀分布，可以对设计的梳状滤波器进行改进，使得在对 LDoS 攻击的过滤效果影响较小的前提下，能让更多 TCP 流量通过[35, 43, 44, 108]。

　　在信号处理领域，梳状滤波器使一个信号与它的延时信号叠加，从而产生相位抵消。梳状滤波器的频率响应由一系列规律分布的峰组成，看上去跟梳子类似。梳状滤波器的名字就取自幅频特性的形状[123]。

一个理想的 n 阶梳状滤波器的频率响应表示为[124]

$$H_{\text{comb}}(f) = \sum_{i=0}^{\text{floor}(n/2)} \delta_0(f - i\Delta f),\ 0 \le f \le f_s / 2 \qquad (9\text{-}14)$$

式中，n 为滤波器的阶数；$\Delta f = f_s / n$，变换到 z 域，可得到[123, 124]

$$H_{\text{comb}}(z) = \frac{b_0}{1 - r^n z^{-n}} = \frac{1 - r^n}{1 - r^n z^{-n}} \qquad (9\text{-}15)$$

式中，b_0 为梳状滤波器抽头系数。

一个数字滤波器可以用系统函数表示为

$$H(z) = \frac{Y(z)}{X(z)} = \frac{\displaystyle\sum_{k=0}^{M} b_k z^{-k}}{1 - \displaystyle\sum_{k=1}^{N} a_k z^{-n}} \qquad (9\text{-}16)$$

由这样的系统函数可以得到表示系统输入与输出关系的常系数线性差分方程为[123, 124]

$$y(n) = \sum_{k=0}^{N} a_k y(n-k) + \sum_{k=0}^{M} b_k x(n-k) \qquad (9\text{-}17)$$

为了获得梳状滤波器的阶数，必须估计到精确的 RTT 值，得到梳状滤波器阶数 $n = f_s / \Delta f$。

基于上述分析，设计的滤波器的过滤流程如图 9-10 所示。

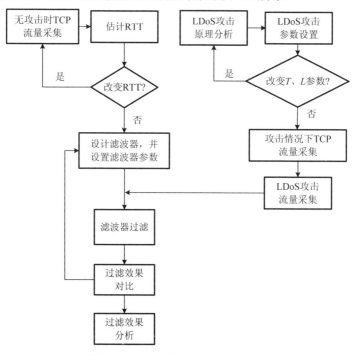

图 9-10　LDoS 攻击流量过滤流程图

LDoS 攻击流量过滤的流程如下。

（1）无 LDoS 攻击时，采集正常 TCP 流量，用频域搜索法估计 RTT，确定滤波器的阶数。

（2）对滤波器进行设计，设置滤波器的参数。

（3）存在 LDoS 攻击时，分别对 TCP 流量和 LDoS 流量进行采集，用设计好的滤波器进行过滤。

（4）根据滤波效果，对滤波器参数等的选择重新调节，使滤波效果达到最优。对滤波结果进行分析。改变 LDoS 攻击的参数 T、L，对比过滤效果。

（5）当 RTT 改变时，重新执行步骤（1）～步骤（4），完成滤波流程。

9.3.2　基于梳状滤波器的 LDoS 仿真实验与结果分析

为了进一步探讨和分析基于频谱分析的 LDoS 攻击流量过滤方法，下面在 NS-2 网络仿真平台上搭建实验环境进行实验验证。搭建的仿真拓扑结构如图 9-11 所示。

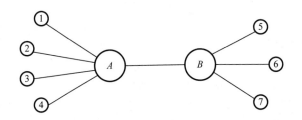

图 9-11　实验环境

其中，节点 1～节点 3 为正常 TCP 用户；节点 4 为攻击端；节点 5～节点 7 为合法用户的 TCP 服务器；A、B 为瓶颈链路上的路由器节点，A 和 B 之间形成瓶颈链路；节点 1～节点 3 到节点 A 与节点 5～节点 7 到节点 B 的带宽都为 100Mbit/s，链路延时都为 2.5ms；节点 A 与节点 B 的带宽为 15Mbit/s，链路延时设为 α ms；节点 4 到节点 A 的带宽为瓶颈带宽，链路延迟为 2.5ms。这样，整个链路的 RTT=$(10+2\alpha)$ms。

1. 往返时间 RTT 的估计实验结果

调节 α 的大小，设置 RTT=20ms、40ms、…、200ms。用频域搜索法估计往返时间，估计结果为 RTT_{es} 与相对误差如表 9-2 所示。

表 9-2　频域搜索法估计 RTT

RTT/ms	20	40	60	80	100	120	140	160	180	200
估计结果 RTT_{es}/ms	20.3	40.5	60.7	81.1	100.8	120.7	140.9	160.5	180.7	200.8
相对误差/%	1.5	1.25	1.16	1.38	0.8	0.58	0.64	0.31	0.39	0.4

从表 9-2 可知，频域搜索法估计 RTT 效果比较理想，RTT 的估计值比 NS-2 中所

设值偏大。考虑 NS-2 仿真平台自身的响应处理时间，一般都会有系统延迟，所以频域搜索法的估计结果的绝对误差理论上比表 9-2 更小，效果更理想。

2. 滤波器的设计及过滤效果

RTT 的取值在以太网环境下一般为几十毫秒。在图 9-11 的实验环境下，设置 α 的值满足 RTT=49.25s，用频域搜索法估计出 RTT_{es}=50s，对应 $\Delta f = 20$Hz，阶数 $n = f_{\text{s}} / \Delta f = 50$。LDoS 攻击的攻击参数 T=2s，L=50ms。对无攻击情况的正常 TCP 流量、有攻击情况下的 TCP 流量和 LDoS 攻击流量各采集 5～105s 时长的包数据。按照图 9-10 的流程对滤波器进行设计，设计梳状滤波器的幅频响应如图 9-12 所示。

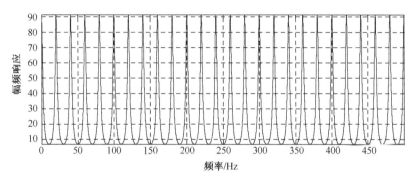

图 9-12　梳状滤波器的幅频响应

无攻击情况下的正常 TCP 流量通过此滤波器，TCP 能量剩余 91.84%。有攻击情况下，TCP 能量剩余 81.08%，LDoS 能量剩余 22.21%。在有攻击的情况下，TCP 流量与 LDoS 攻击流量过滤前后的时域与频域过滤图分别如图 9-13 和图 9-14 所示。

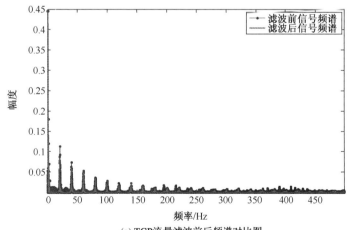

(a) TCP流量滤波前后频谱对比图

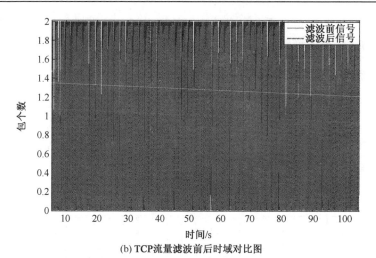

(b) TCP流量滤波前后时域对比图

图 9-13　攻击情况下 TCP 流量滤波前后频域和时域对比

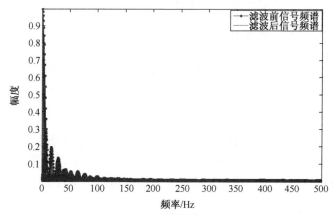

(a) LDoS攻击流量滤波前后频谱对比图

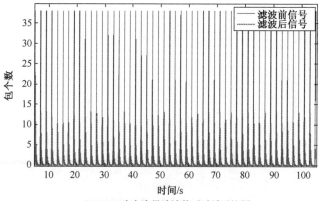

(b) LDoS攻击流量滤波前后时域对比图

图 9-14　LDoS 攻击流量滤波前后频域和时域对比

　　从图 9-13(a)可以看出，攻击情况下 TCP 流量仍大致保持了梳状频谱的特性，进行过滤前后频谱基本保持一致，在图 9-13(b)的时域对比中也能清晰地看出滤波器能让大部分 TCP 数据包通过。从图 9-14(a)的 LDoS 攻击流量滤波前后频谱对比图中可知，LDoS 攻击流量的能量主要集中在低频段，大部分能量能够被过滤。设置不同的滤波器参数，能达到不同的过滤效果，如果滤波器参数设置能够过滤掉大部分攻击流量，同时很多合法的 TCP 流量也被过滤掉。所以设置滤波器的参数需要根据链路的拥塞程度来选择。

　　下面通过改变 LDoS 攻击的攻击参数周期 T 和脉冲持续时间 L 来观察同一滤波器的滤波性能。表 9-3 和表 9-4 为 LDoS 攻击的攻击参数的变化对通过梳状滤波器剩余 TCP 流量和 LDoS 攻击流量百分比的影响结果。

表 9-3　L 不变、T 变化时过滤效果对比

L=50ms	T=1s	T=1.5s	T=2s	T=2.5s	T=3s	T=3.5s	无攻击
TCP/%	77.10	80.07	81.08	83.22	87.09	87.97	91.84
LDoS/%	19.95	22.19	22.21	22.26	22.45	22.84	0

表 9-4　T 不变、L 变化时过滤效果对比

T=2s	L=50ms	L=60ms	L=70ms	L=80ms	L=90ms	L=100ms	无攻击
TCP/%	81.08	77.95	75.94	74.84	74.72	74.41	91.84
LDoS/%	22.21	23.20	24.18	26.78	28.11	29.22	0

　　从表 9-3 和表 9-4 可以看出，同一滤波器对不同攻击参数的过滤效果不同：攻击周期 T 越大，合法 TCP 流量剩余越多，效果越好，LDoS 攻击的过滤效果基本不变；攻击脉冲持续时间 L 越大，合法 TCP 流量剩余越少，效果越差，LDoS 攻击过滤效果剩余变多，效果变差。其原因是，随着攻击周期 T 的减小和攻击脉冲持续时间 L 的增大，合法 TCP 流受 LDoS 攻击的影响增大，LDoS 攻击流量在整个链路所占比例上升，队列延迟等变化影响了 RTT 的大小，导致合法 TCP 流量的频谱在频域发生变化，其频谱与无攻击情况下的频谱存在差异，过滤效果变差。LDoS 攻击参数设置对 TCP 流量影响越小，过滤效果越接近无攻击情况下的过滤效果。

　　3. 改进的滤波器及过滤效果

　　梳状滤波器基本上能够满足过滤功能的要求，然而由于梳状滤波器设计的局限性和 RTT 估计结果的误差，导致对 TCP 流量过滤效果并非达到最佳。由式（9-14）可知，由于 Δf 估计的误差（RTT 估计的误差）会导致梳状滤波器的梳状通带随着 i 的增大偏离 TCP 流量在频域中所对应的波峰位置。另外，在频域中 LDoS 攻击的能量主要集中在低频段，相比较而言，TCP 流量基本上均匀分布在整个频率轴上。从以上两点考虑，可以对梳状滤波器进行改进：①使较高频率的能量全部通过，这样能保证绝大部分合法 TCP 流量通过，而对 LDoS 攻击流量影响较小；②在低频段将梳状滤波器的通带宽度降低、通带内允许的最大衰减增大，可以让在低频段的大部分 TCP 流量通过的前提下，更好地滤除主要能量集中在低频段的 LDoS 攻击流量。

按照前面两点分析对滤波器进行改进，对梳状滤波器进行通带带宽减小、通带内允许的最大衰减提高，让频率大于 80Hz 的能量全部通过，可以得到流量经滤波器所剩能量百分比的过滤结果，如表 9-5 所示。

表 9-5　滤波器改进后的过滤效果

L=50ms	T=1s	T=1.5s	T=2s	T=2.5s	T=3s	T=3.5s	无攻击
TCP/%	82.77	85.85	86.73	87.37	92.03	92.55	96.94
LDoS/%	18.64	21.55	21.79	22.23	22.31	22.42	0

通过比较表 9-5 与表 9-3 可知，LDoS 攻击流量过滤效果小幅度改善，正常 TCP 流量有 5%左右的提高，让更多 TCP 流量通过。整体过滤效果优于改进前梳状滤波器的过滤效果。图 9-15 为攻击情况下的 TCP 流量与 LDoS 攻击流量在改进梳状滤波器下的过滤效果。

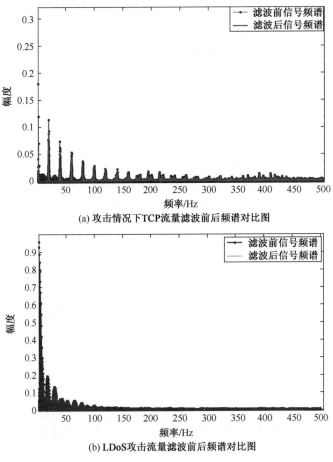

(a) 攻击情况下TCP流量滤波前后频谱对比图

(b) LDoS攻击流量滤波前后频谱对比图

图 9-15　攻击情况下 TCP 流与 LDoS 攻击流的频域对比

将图 9-15(a)和图 9-15(b)分别与图 9-13(a)和图 9-14(a)对比，可以看出改进的梳状滤波器能让更多 TCP 流量通过，而对将绝大部分能量集中于低频段的 LDoS 攻击流量影响较小。由于 TCP 流量的能量基本在整个频率轴上均匀分布，因此改进的滤波器在满足 LDoS 攻击滤波效果不太受影响的前提下让更多合法流量通过，这样使滤波器的滤波效果得到优化。

9.4　本　章　小　结

本章利用窗函数法设计 FIR 滤波器，将单个 TCP 流作为正常流量，将单纯的 UDP 流作为攻击流量，分别计算两者能量，再求其比值，即 LAR。滤波效果为滤波后 LAR 提高大约 10dB。此方法在频域使用滤波器的方法来防御 LDoS 攻击，思路简单，利用 DSP 处理速度快的特点，节约时间，并具有明显降低攻击能量的作用，保证链路通畅。同时，本章利用现有的实验环境加以验证，为将来使用滤波技术解决 LDoS 攻击提供了一个新的思路。

此外，考虑到 TCP 拥塞控制机制的特性决定了各 TCP 连接每 RTT 时间出现一次流量高峰，造成单个 TCP 流呈现一定程度的周期性变化趋势，并且其周期性与 RTT 紧密相关。而对于 LDoS 攻击流而言，长周期（秒级）特性以及矩形波特性决定了其频谱能量更集中于低频段。基于上述分析，本章在频域设计梳状滤波器，让周期性的 TCP 流量通过，阻止集中于低频段的 LDoS 攻击流量通过。仿真实验表明，在频域设计梳状滤波器过滤 LDoS 攻击流量具有较好的效果。

参 考 文 献

[1] Worldwide infrastructure security report. http: //www.arbornetworks.com/report.

[2] 文坤, 杨家海, 张宾. 低速率拒绝服务攻击研究与进展综述. 软件学报, 2014, 3:591-605.

[3] Kuzmanovic A, Knightly E W. Low-rate TCP-targeted denial of service attacks: the shrew vs. the mice and elephants//Proc of the ACM SIGCOMM 2003. Karlsruhe: ACM Press, 2003: 75-86.

[4] Kuzmanovic A, Knightly E W. Low-rate TCP-targeted denial of service attacks and counter strategies. IEEE Transactions on Networking, 2006, 14(4): 683-696.

[5] Iwanari Y, Asaka T, Takahashi T. A novel scheme based on dropped-packet information to restrict pulsing denial-of-service attacks. 8th Asia-Pacific Symposium on Information and Telecommunication Technologies (APSITT), 2010: 1-6.

[6] Guirguis M, Bestavros A, Matta I. Bandwidth stealing via link targeted RoQ attacks. Proc 2nd IASTED International Conference on Communication and Computer Networks, Cambridge, MA, USA, 2004.

[7] 吴志军, 岳猛. 低速率拒绝服务 LDoS 攻击性能的研究. 通信学报, 2008, 29(6):87-93.

[8] 何炎祥, 刘陶. 降质服务攻击及其防范方法. 北京: 机械工业出版社, 2011.

[9] 中国互联网信息中心. 第 34 次中国互联网络发展状况统计报告. 统计报告, 2014.

[10] 孙长华, 刘斌. 分布式拒绝服务攻击研究新进展综述. 电子学报, 2009, 37(7):1562-1571.

[11] Mirkovic J, Reiher P. A taxonomy of DDoS attack and DDoS defense mechanisms. ACM Sigcomm Computer Communication Review, 2004, 34(2):39-53.

[12] 何炎祥, 刘陶, 曹强, 等. 低速率拒绝服务攻击综述. 计算机科学与探索, 2008, 2(1):1-19.

[13] Cheng C M, Kung H, Tan K S. Use of spectral analysis in defense against DoS attacks. Proc IEEE Globecom, Taipei, China, 2002.

[14] Barford P, Kline J, Plfonka D, et al. A signal analysis of network traffic anomalies. ACM Proc Sigcomm Internet Measurement Workshop, Marseille, France, 2002:71-82.

[15] Maciá-Fernández G, Díaz-Verdejo J E, García-Teodoro P. Evaluation of a low-rate DoS attack against iterative servers computer networks. The International Journal of Computer and Telecommunications Networking, 2007, 51(4) :1013-1030.

[16] Maciá-Fernández G, Díaz-Verdejo J E, García-Teodoro P. Mathematical foundations for the design of a low-rate DoS attack to iterative servers. LNCS Information and Communications Security, Springer, Germany, 2006, 4307: 282-291.

[17] Chen H, Chen Y. A novel embedded accelerator for online detection of shrew DDoS attacks. Proc of the International Conference on Networking, Architecture and Storage, Chongqing, China, 2008:365-372.

[18] Luo X P, Chang R K C. Optimizing the pulsing denial-of-service attacks. Proceedings of the 2005

International Conference on Dependable Systems and Networks (DSN'05), Yokohama, Japan, 2005.

[19] Maciá-Fernández G, Díaz-Verdejo J E, García-Teodoro P. Mathematical model for low-rate DoS attacks against application servers. IEEE Transactions on Information Forensics and Security, 2009, 4(3): 519-529.

[20] Xiang Y, Li K, Zhou W L. Low-rate DDoS attacks detection and traceback by using new information metrics. IEEE Transactions on Information Forensics and Security, 2011, 6(2): 426-437.

[21] 赵玉超, 张波, 王勇, 等. 一种检测低速率拒绝服务攻击的方法及装置: 中国, 200910085344. 6.2009.

[22] 白媛. 分布式网络入侵检测防御关键技术的研究. 北京: 北京邮电大学, 2010.

[23] 吴黎兵, 徐翔, 何炎祥, 等. 针对 RED 的 LDoS 攻击模型. 北京: 华中科技大学学报(自然科学版), 2010, 9(38): 50-54.

[24] 何炎祥, 曹强, 刘陶, 等. 一种基于小波特征提取的低速率 DoS 检测方法. 软件学报, 2009, 20(4): 930-941.

[25] Dong K, Yang S B, Wang S L. Analysis of low-rate TCP DoS attack against fast TCP. Proceedings of the Sixth International Conference on Intelligent Systems Design and Applications (ISDA'06), Jinan, China, 2006: 86-91.

[26] 张长旺, 殷建平, 蔡志平, 等. 基于拥塞参与度的分布式低速率 DoS 攻击检测过滤方法. 计算机工程与科学, 2010, 32(7): 49-52.

[27] 魏蔚, 董亚波, 鲁东明, 等. 低速率 TCP 拒绝服务攻击的检测响应机制. 浙江大学学报(工学版), 2008, 42(5): 757-762.

[28] Wei W, Chen F, Xia Y J, et al. A rank correlation based detection against distributed reflection DoS attacks. IEEE Communications Letters, 2013, 17(1):173-175.

[29] 刘畅, 薛质, 施勇, 等. 基于快速重传/恢复的低速拒绝服务攻击. 信息安全与通信保密, 2008(12): 117-119.

[30] 吴志军, 张东. 低速率 DDoS 攻击的仿真和特征提取. 通信学报, 2008, 29(1): 71-76.

[31] 吴志军, 张东. 频域过滤 DoS 攻击方法的研究. 电子与信息学报, 2008, 30(6): 1493-1495.

[32] 吴志军, 岳猛. 基于卡尔曼滤波的 LDDoS 攻击检测方法. 电子学报, 2008, 36(8): 1590-1594.

[33] 吴志军, 裴宝崧. 基于小信号检测模型的 LDoS 攻击检测方法的研究. 电子学报, 2009, 6(6):1456-1460.

[34] 吴志军, 曾化龙, 岳猛. 基于时间窗统计的 LDoS 攻击检测方法的研究. 通信学报, 2010, 31(12): 55-62.

[35] Wu Z J, Shi Z. Filtering LDoS attack by FIR filter. The Chinese Journal of Electronics (CJE), 2010, 19(2): 275-278.

[36] Wu Z J, Pei B S, Yue M. MSABMS-based approach of detecting LDoS attack. Computer & Security, Elsevier, 2012(3):402-417.

[37] Wu Z J, Ma L, Wang M H, et al. Research on time synchronization and flow aggregation in LDDoS attack based on cross-correlation. Proceedings of 2012 IEEE 11th International Conference on Trust,

Security and Privacy in Computing and Communications (TrustCom 2012), Liverpool, England, UK, 2012.

[38] Wu Z J, Yao D, Yue M. Chaos-based detection of LDoS attacks. Journal of Systems and Software, 2013: 211-221.

[39] 吴志军, 李光, 岳猛. 基于信号互相关的低速率拒绝服务攻击检测方法. 电子学报, 2014, 42(9): 1760-1766.

[40] Wu Z J, Yue M, Li D Z, et al. SEDP-based detection of low-rate DoS attacks. International Journal of Communication Systems, Article First Published Online, 2014.

[41] Wu Z J, Hu R, Yue M. Flow-oriented detection of low-rate denial of service attacks. International Journal of Communication Systems, Article First Published Online, 2014.

[42] Chen Y, Hwang K. Spectral analysis of TCP flows for defense against reduction-of-quality attacks. Proc IEEE Communications Society Subject Matter Experts ICC, 2007.

[43] Chen Y, Hwang K, Kwok Y K. Collaborative defense against periodic shrew DDoS attacks in frequency domain. Technical Report TR 2005-11, UCLC.

[44] Chen Y, Hwang K. Collaborative detection and filtering of shrew DDoS attacks using spectral analysis. Journal of Parallel and Distributed Computing, 2006, 66(9):1137-1151.

[45] Guirguis M, Bestavros A, Matta I. Exploiting the transients of adaptation for RoQ attacks on Internet resources. Proceedings of the 12th IEEE International Conference on Network Protocols, 2004:184-195.

[46] 张静, 胡华平, 刘波, 等. 基于 ASPQ 的 LDoS 攻击检测方法. 通信学报, 2012(5): 79-84.

[47] Lija M, Bijesh M G, John J K. Survey of low rate denial of service (LDoS) attack on RED and its counter strategies. Proceedings of the Computational Intelligence & Computing Research(ICCIC), Coimbatore, 2012.

[48] Qiao Z, Zhang Y Z, Xie C Y. Research and survey of low-rate denial of service attacks. Proceedings of the Advanced Communication Technology (ICACT), Seoul, 2011.

[49] Luo J T, Yang X L, Wang J, et al. On a mathematical model for low-rate shrew DDoS. IEEE Transactions on Information Forensics and Security, 2014, 9(7): 1069-1083.

[50] Barbhuiya F A, Gupta V, Biswas S, et al. Detection and mitigation of induced low rate TCP-targeted denial of service attack. Proceedings of the Software Security and Reliability (SERE), Gaithersburg, MD, 2012.

[51] Thompson K, Miller G J, Wilder R. Wide-area Internet traffic patterns and characteristics. IEEE Network, 1997, 11(6):10-23.

[52] Chen K, Liu H Y, Chen X S. EBDT: a method for detecting LDoS attack. Proceedings of the Information and Automation(ICIA), Shenyang, 2012.

[53] Yu F, Li G, Cui M. The detection of low-rate denial-of-service attack based on feature extraction and analysis at congestion times. Proceedings of the Electrical and Control Engineering (ICECE),

Yichang, 2011.

[54] RFC 2581. TCP Congestion Control, 1999.

[55] Chiu D M, Jain R. Analysis of the increase and decrease algorithms for congestion avoidance in computer networks. Computer Networks and ISDN Systems, 1989, 17(1):1-14.

[56] 理查德·史蒂文森. TCP/IP 详解 卷 1:协议. 范建华, 等译. 北京: 机械工业出版社, 2000.

[57] Jacobson V. Congestion avoidance and control. ACM Computer Communication Review, 1988, 18(4): 314-329.

[58] Wu L B, Xu A, He Y X, et al. Research on low-rate denial-of-service attacks against XCP. Proceedings of the 2nd International Workshop on Intelligent Systems and Applications (ISA), Wuhan, 2010.

[59] Luo X P, Chang R K C. On a new class of pulsing denial-of-service attacks and the defense. Proceedings of Network and Distributed System Security Symposium (NDSS' 05), San Diego, CA, 2005.

[60] Paxson V, Allman M. Computing TCP's retransmission timer. Internet RFC 2988, 2000.

[61] Floyd S, Jacobson V. Random early detection gateways for congestion avoidance. IEEE/ACM Transaction on Networking, 1993, 1(4): 397-413.

[62] Allman M, Paxson V. On estimating end-to-end network path properties. Computer Communication Review, 1999, 29(4):263-274.

[63] Ott T J, Lakshman T V, Wong L H. SRED: stabilized RED. The 18th Annual Joint Conference of the IEEE Computer and Communications Societies, 1999: 1346-1355.

[64] Floyd S, Gummadi R, Shenker S. Adaptive RED: an algorithm for increasing the robustness of RED's active queue management. http://www.icir.org/floyd/papers/adaptive Red.pdf.

[65] Feng W C, Kandlur D D, Saha D, et al. BLUE: a new class of active queue management algorithms//CSE-TR-387-99. Ann Arbor, MI: University of Michigan, 1999.

[66] 张世娟, 孙金生. 丰动队列管理算法比较. 第五届全球智能控制与自动化大会会议论文集, 2004.

[67] Zhang C W, Yin J P, Cai Z P, et al. RRED: robust RED algorithm to counter low-rate denial-of-service attacks. Communications Letters, IEEE, 2010, 14(5): 489-491.

[68] Wu Z J, Wang C, Zeng H L. Research on the comparison of flood DDoS and low-rate DDoS. Proceedings of the Multimedia Technology (ICMT), 2011: 5503-5506.

[69] 章淼. 互联网端到端拥塞控制的研究. 北京: 清华大学, 2004.

[70] 罗万明, 林闯, 阎保平. TCP/IP 拥塞控制研究. 计算机学报, 2001, 1:1-18.

[71] Wu Z J, Cui Y, Yue M, et al. Cross-correlation based synchronization mechanism of LDDoS attacks. Journal of Networks, 2014, 9(3): 604-611.

[72] Hu H P, Zhang J, Liu B, et al. Simulation and analysis of distributed low-rate denial-of-service attacks. Proceedings of the Computer Sciences and Convergence Information Technology (ICCIT), Seoul, 2010.

[73] Yao Y X, Liu Y, Wu Z J. Research on a new type DDoS attack. Information Security And Communications Privacy, 2007(6):179-181.

[74] Lui J C S. Defending against low-rate TCP attack: dynamic detection and protection, Presentation, CSE Dept CUHK.

[75] Zhang Y, Mao Z M, Wang J. Low-rate TCP-targeted DoS attack disrupts Internet routing. Proceedings of 14th Annual Network & Distributed System Security Symposium (NDSS 2007), San Diego, California, 2007.

[76] 周炯槃, 庞沁华, 续大我, 等. 通信原理. 北京: 北京邮电大学出版社, 2005.

[77] 查光明, 熊贤祚. 扩频通信. 北京: 西安电子科技大学出版社, 2005.

[78] 刘杰, 杨元廷. 互相关算法在泄漏发射信息处理中的应用. 宇航计测技术, 2007, 27(2):29-32.

[79] 王建亮, 孟令军. 基于互相关时延估计算法的被动声定位系统设计. 传感器与微系统, 2009, 28(3):89-91.

[80] 向阳. 基于互相关延时估计的波速估计方法. 武汉理工大学学报(信息与管理工程版), 2003, 25(5):63-65.

[81] 王俊刚, 杨号. 基于互相关的正弦信号特征提取方法. 海军航空工程学院学报, 2009, 24(3):277-281.

[82] Burrus C, Gopinath R, Guo H. Introduction to Wavelets and Wavelet Transforms: A Primer. NJ: Prentice Hall, 1998: 162-213.

[83] 陈世文. 基于谱分析与统计机器学习的 DDoS 攻击检测技术研究. 郑州: 解放军信息工程大学, 2013.

[84] Luo X P, Chan E W W, Chang R K C. Vanguard: a new detection scheme for a class of TCP-targeted denial-of-service attacks. Network Operations and Management Symposium (NOMS06), Vancouver, Canada, 2006: 507-518.

[85] Shevtekar A, Ananthara K, Ansari N. Low rate TCP denial-of-service attack detection at edge routers. IEEE Communications Letters, 2005, 9(4): 363-365.

[86] McClellan J H, Schafer R W, Yoder M A. 信号处理引论. 北京: 电子工业出版社, 2005.

[87] Sun H B, Lui J C S, Yau D K Y. Defending against low-rate TCP attacks: dynamic detection and protection. Proc. of the 12th IEEE Int'l Conf on Network Protocols, 2004:196-205.

[88] 蔡晓丽, 陈舜青, 宁慧. 一种基于 Haar 小波变换的低速率拒绝服务攻击检测方法. 微电子学与计算机, 2011, 11:102-105.

[89] 刘丹. 软交换平台下 LDoS 攻击的研究. 成都: 电子科技大学, 2013.

[90] Brodsky B, Darkhovsky B. Non-Parametric Statistical Diagnosis Problems and Methods. The Netherlands: Kluwer Academic Publishers, 2000.

[91] Chuic K. An Introduction to Wavelets. New York: Academic Press, 1992.

[92] Medina A, Fraleigh C, Taft N, et al. A taxonomy of IP traffic matrices. Proc of the SPIE Scalability and Traffic Control in IP Networks II, Boston: SPIE Publishers, 2002: 200-213.

[93] 张奉军, 周燕, 曹建国. MALLAT 算法快速实现方法及其应用研究. 自动化与仪器仪表, 2004, 6: 4-5, 27.

[94] Grewal M, Andrews A. Kalman Filtering Theory and Practice Using MATLAB. Second Edition. New York: John Wiley & Sons, Inc, 2001: 114-165.

[95] 张学义. 混沌同步及其在通信中应用. 哈尔滨: 哈尔滨工程大学, 2001.

[96] 李月, 等. 混沌振子检测引论. 北京: 电子工业出版社, 2004.

[97] 卢侃, 孙建华. 混沌学传奇. 上海:上海翻译出版公司, 1991: 2-3.

[98] Lorenz E N. Deterministic nonperiodic flow. Journal of Atmospheric Sciences, 1963, 20:130-141.

[99] Li T Y, Yorke J A. Period three implies chaos. Amer Math Monthly, 1975, 82: 985-992.

[100] 刘立. 基于混沌理论的微弱信号检测方法研究. 保定: 华北电力大学, 2006.

[101] May R M. Simple mathematical model with very complicated dynamic. Nature, 1976, 261:459-467.

[102] 李月, 杨宝俊, 石要武, 等. 用混沌振子检测淹没在强背景噪声中的方波信号. 吉林大学自然科学学报, 2001, 2: 65-68.

[103] Glenn C M, Hayes S. Weak signal detection by small-perturbation control of chaotic orbits. IEEE MTT-S Digest, 1996: 1883-1886.

[104] Li Y, Wang B. The chaotic detection of periodic short impulse signals under strong noise background. Journal of Electronics , 2002, 19(4) :431-433.

[105] Li Y, Shi Y, Ma H, et al. Chaotic detection method for weak square wave signal submerged in colored noise. Acta Electronica Sinica , 2004, 32(1):87-90.

[106] Wang G Y, Chen D J, Lin J Y, et al. The application of chaotic oscillators to weak signal detection. IEEE Trans on industrial electronics, 1999, 46(20): 440-443.

[107] Leland W E, Taqqu M S, Willinger W, et al. on the self-similar nature of Ethernet traffic (extended version). IEEE/ACM Transactions on Networking, 1994, 2(1): 1-15.

[108] Chen Y, Hwang K, Kwok Y K. Filtering of shrew DDoS attacks in frequency domain. The First IEEE LCN Workshop on Network Security (WoNS 2005), Sydney, Australia, 2005.

[109] Zhang L F, You X, Hu Y P. Image-adaptive watermarking algorithm to improve watermarking technology for certain water marking based on DWT and chaos. Advances in Computer Science, Intelligent System and Environment, 2011, 104: 43-49.

[110] Partridge C, Cousins D, Jackson A, et al. Using signal processing to analyze wireless data traffic. Proc ACM Workshop on Wireless Security. ACM: Atlanta, 2002.

[111] 张国杰. 周期微弱信号的检测与跟踪. 数据采集与处理, 1991, 6(1):16-22.

[112] 叶卫东, 李行善. 包络均值滤波算法实时检测微弱信号. 北京航空航天大学学报, 2010, 36(8): 909-912.

[113] 王世一. 数字信号处理. 北京:北京理工大学出版社, 2006.

[114] 杨毅明. 数字信号处理. 北京:机械工业出版社, 2011.

[115] Stoica P, Randolph L M. 现代信号谱分析. 北京:电子工业出版社, 2012.

[116] 薛年喜. MATLAB 在数字信号处理中的应用. 北京: 清华大学出版社, 2003: 227-233.

[117] Chen H, Chen Y, Summerville D H, et al. An optimized design of reconfigurable PSD accelerator for online shrew DDoS attacks detection. 2013 Proceedings IEEE INFOCOM, Turin, 2013.

[118] Jacobson V. Congestion avoidance and control. ACM Computer Communication Review, 1988, 18(4):314-329.

[119] Imai M, Sugizaki Y, Asatani K. A new estimation method using RTT for available bandwidth of a bottleneck link. 2013 International Conference on Information Networking, 2013.

[120] Moosbrugger A, Dorfinge P. Passive RTT measurement during connection close. Software, Telecommunications and Computer Networks (SofteCOM), 2010: 392-396.

[121] Jiang H, Dovrolis C. Passive estimation of TCP round-trip times. ACM Computer Comm Review, 2002, 32(3):5-21.

[122] Floyd S, Kohler E. Internet research needs better models. Proceedings of HOTNETS'02, Princeton, New Jersey, 2002.

[123] 高西全, 丁玉美, 阔永红. 数字信号处理. 北京:电子工业出版社, 2008.

[124] Schilling R J, Harris S L. Fundamentals of Digital Signal Processing Using MATLAB. 西安: 西安交通大学出版社, 2005: 561-571.